一罐「葡萄乾酵母」經典麵包再進化

太田幸子

CONTENTS

Pain de mie
龐多米麵包

Campagne
鄉村麵包

Baguette
棍子麵包

Rustique

農家麵包

麵包教室裡的
人氣趣味麵包

製作之前

[有關調理盆和烤箱]

· 盡量準備和本書中所寫的尺寸相同或相近的
大、中調理盆，更容易參照麵團的發酵狀態、
大小。

· 烤箱的烘烤時間，以電器烤箱為準。使用瓦斯
烤箱時，請用本書中標記的溫度調低10度來
烘烤。依機種和熱源不同，時間上會有些許差
異，請邊觀察情況邊調整。

[有關酵母原種和雞蛋]

· 因為酵母原種可能會分離，所以先均勻攪拌一
次後再使用。

· 本書使用中型雞蛋。1顆＝約60g，蛋黃為20g
左右。請打完蛋後再測量。

[有關烘培百分比]

· 所謂的烘焙百分比，是指將材料中麵粉的總重
量訂為100%，用來表示與之相對的其他材料
的比例。想要改變製作份量時，使用烘焙百分
比就能用以下計算方式簡單地計算出材料準備
量。

· 粉的總重量（g）×各材料的烘焙百分比＝材料
的準備量（g）。

Introduction

因為是量少用得完的「酵母原種」，
所以可以配合自己的步調來製作

「量少用得完的酵母原種」——這是我製作自製天然酵母麵包的信心。

因為想要在家中輕鬆地製作麵包，
我每天不斷反覆試驗，
最後找到了這種方法。

只要事先做好葡萄乾酵母液冰在冷藏室中，
就能在想做麵包的時候，將用得完的酵母原種起種。
因為不需要續養酵母，所以相當容易管理酵母原種。
而且這種酵母原種只要10個小時左右就能完成，
放置於冷藏室一晚後再使用，
所以可以配合想烤麵包的時機點再起種。

在我的教室裡有很多周末烤麵包的學生。
配合周末時間，享受酵母原種起種、在家中烘烤自製天然酵母麵包的時光。
就算不用每天照顧酵母原種，也能做出自製天然酵母麵包。

雖然常聽到人說自製天然酵母麵包很花時間、
很麻煩或很困難之類的，
但我反而覺得可以配合自己的時間，
用自己的步調來做麵包。

如果能讓讀者們在本書中找到
從自己手中完成自製天然酵母麵包的樂趣、
美味和感動，
我會感到非常開心。

太田幸子

製作自製天然酵母麵包的步驟

緩慢、穩定地進行發酵，完成自製天然酵母麵包。因為剛開始有培養葡萄乾酵母液，以及製作酵母原種的步驟，所以在動手做麵包前需要花費7天。

本頁讓我們先一起來了解製作自製天然酵母麵包的流程吧。

1 培養葡萄乾酵母液

準備

將葡萄乾和水放入玻璃瓶後搖晃瓶身，放在溫暖處待其發酵。

完成

經過3～4天葡萄乾會浮起，散發出水果發酵味。

2 製作酵母原種

第1次培養

在容器中加入高筋麵粉、鹽和培養好的葡萄乾酵母液後攪拌，放在溫暖處待其發酵。

第2次培養

經過6～8個小時後加入高筋麵粉、鹽和水並攪拌，放在溫暖處待其繼續發酵。

完成

放置4～5個小時後，酵母份量會膨脹到2倍，冒出細小的氣泡。

3 製作麵包

揉麵

將完成的酵母原種和麵粉、鹽、水等混合攪拌，中途要將奶油揉進麵團中搓揉。

基本發酵

按壓麵團排氣後，置於溫暖處讓麵團發酵膨脹至約2倍大小。

分割麵團

用刮板將麵團分割成2～10等分（依麵團用途而不同），再將麵團滾圓。

靜置鬆弛（又稱中間發酵）

靜置麵團。乾燥時期要蓋上濕布。

整型

壓扁或滾圓麵團，按照用途整理形狀。

最後發酵

將麵團放入烤模，或是放在鋪好烘焙紙的烤盤上，置於溫暖處待其發酵。

烘烤

用烤箱烘烤麵包。依麵包種類不同，有些要在烘烤前劃下割紋，或是灑上新粉（蓬萊米粉）。

葡萄乾酵母液的培養法

首先從培養葡萄乾酵母液開始。只要事先將葡萄乾和水放入玻璃瓶，
置於溫暖處即可。等到酵母液冒出大量氣泡就完成。完成重量約240g。
酵母原種可以分成4～5次製作。

[材料]

有機葡萄乾（無油的葡萄乾）············· 80g
水（過濾好的自來水）················· 240g

關於容器

使用容量500ml可密閉的耐熱玻璃瓶。
最好使用螺旋蓋。玻璃瓶剛好能放入冷
藏室，可以在日系百圓商店購買。

第1天

混合

將玻璃瓶放到磅秤上，按照
順序加入葡萄乾和水，每次
都要歸「零」後再測量。

搖勻

把瓶蓋轉緊，上下搖晃約10
次直到搖勻，將玻璃瓶放置
於27度左右的溫暖處。

第1天的狀態

所有葡萄乾都往下沉，水帶
有透明感，沒有任何變化。

務必使用不含油的葡萄乾。以
原材料名中沒有寫「植物油」
為判斷基準。因為含油的葡萄
乾無法發酵，請注意選購。

第2天

從側面看的狀態

從上面看的狀態

葡萄乾吸水後膨脹2～3倍大，上方的葡萄乾會浮起，水開始
染上淡淡的顏色。每天將玻璃瓶上下顛倒搖晃1次後，開蓋
排出氣體。

第3天～第7天 完成！

從側面看的狀態

從上面看的狀態

超過一半的葡萄乾會浮於液體表面，開蓋後會冒出大量氣
泡，聞得到水果的發酵味就OK。接著再放置1天，當沉澱物
（白色沉澱物就是酵母菌的集合體）下沉到底部就完成。放
入冷藏室中保存。

玻璃瓶的消毒方法

培養酵母液之前，務必要用熱水消毒欲使用的玻璃瓶和瓶蓋。
經過消毒雜菌不會入侵，可以防止發霉。
先加洗碗精用手搓洗玻璃瓶和瓶蓋，
用流水仔細沖洗後，再用熱水消毒。

1 把玻璃瓶和瓶蓋放在乾淨的水槽中，在玻璃瓶中倒入熱水，讓熱水溢出一陣子。

2 瓶蓋也用相同方式消毒，倒上大量熱水。

3 用夾子夾住玻璃瓶的邊緣，倒出裡面的熱水。瓶身很燙，請小心不要燙傷。

4 將玻璃瓶和瓶蓋倒扣放在乾淨的抹布上晾乾。

◈ **何謂溫暖處**

最適合酵母發酵的溫度是27度左右。溫度低於20度時會難以發酵，高於30度則容易產生發霉。冬天放在暖氣機附近的溫暖處。夏天請找個濕氣少，沒有陽光直射的陰涼處放置。無論哪個季節都請避免陽光直射。

◈ **保存葡萄乾酵母液**

培養完成的葡萄乾酵母液，不須取出葡萄乾直接放入冷藏室中保存。放在溫度穩定的冰箱深處，大約能保存1個月。酵母液在冷藏室中也會緩慢發酵，所以請偶爾開蓋排出氣體。

◈ **培養葡萄乾酵母液需花費的天數**

・春季和秋季……4～5天　・夏季……3天
・冬季……7～10天

以上都只是參考基準。依季節、室內環境和葡萄乾品質不同，酵母液培養成功的時間有所差異。放在溫度變化不明顯的地方培養也很重要。

◈ **如果發霉的話**

剛開始出現的小霉斑，用湯匙挖除就可以。酵母液可能因為葡萄乾品質不佳而發霉，如果去除霉菌後還有異臭或腐敗臭味時，請用新的葡萄乾再重做一次。另外，要是容器的瓶蓋部分生鏽會導致發霉，請換成新的瓶蓋。

酵母原種的起種法

葡萄乾酵母液培養成功後，接著要製作酵母原種。只要把葡萄乾酵母液加入麵粉和鹽中攪拌，
再放到溫暖處待其發酵即可。藉由重覆2次培養步驟來穩定發酵力，也可以得到健康的酵母原種。
完成重量約280g。可以做2次麵包。

［材料］

〈第1次培養〉

高筋麵粉（春豐高筋麵粉）⋯⋯30g

鹽⋯⋯⋯⋯⋯⋯⋯⋯⋯⋯1g

葡萄乾酵母液⋯⋯⋯⋯⋯⋯50g

〈第2次培養〉

第1次做好的酵母原種⋯⋯所有的量

高筋麵粉（春豐高筋麵粉）⋯⋯80g

鹽⋯⋯⋯⋯⋯⋯⋯⋯⋯⋯1g

水（過濾好的自來水）⋯⋯⋯120g

關於容器

使用容量630ml的聚丙烯製保存容
器。這種容器的特色是底部面積寬容
易發酵，也容易觀察發酵後的狀態。
而且容易收進冷藏室中不礙事也是一
個優點。

清洗容器的方法

用洗碗精清洗容器，再用流水沖乾
淨，接著讓容器自然乾燥（不需要用
熱水消毒）。

攪拌時用的湯匙

使用扁平且深度不深的
大匙量匙。舀酵母液或
攪拌時容易使用又方
便。

當天

第1次培養

把容器放到磅秤上，按照順序加入高筋麵粉、鹽和葡萄
乾酵母液，每次都要歸「零」後再進行測量。

用扁平的量匙攪拌。攪拌
到還留有少許殘粉的程度
就OK。

6～8個小時後

當天的狀態　　　從上面看的狀態　　　從側面看的狀態

沒有任何氣泡，看起來很
黏稠。蓋上蓋子，把容器
放在27度左右的溫暖處
發酵6～8個小時。發酵
時間會因季節和室內環境
不同而有所改變。

酵母份量膨脹到1.5倍左右，當底部冒出氣泡，且表面
變得鬆軟時，就結束第1次的培養。

第2次培養

在第1次培養的酵母原種中加入高筋麵粉、鹽和水後，用扁平的量匙攪拌。攪拌到殘留少許殘粉的程度就OK。蓋上蓋子後，放在27度左右的溫暖處發酵4～5個小時。

4～5個小時後 完成！

從上面看的狀態　　　　從側面看的狀態

酵母份量膨脹到2倍左右，當表面冒出細小的氣泡孔，底部也冒出很多氣泡時就完成。雖然酵母原種可以馬上使用，不過放在冰藏室中靜置一晚，可以增強酵母發酵力並提升活性。

◈ 酵母原種保管和使用時機

做好的酵母原種放入冷藏室中保存，不拌勻的話可以放2～3天。要使用酵母原種時原種會呈分離狀態，所以要拌勻之後再使用。一經攪拌發酵力就會下降，所以請將它用完。做2次麵包就能用完。如果還剩下一些酵母原種的話，請加進新起種的酵母原種中使用。

◈ 酵母原種很難發酵的時候

室內溫度低或冬天寒冷的時候，酵母發酵要花費很多時間。溫度27度左右時6～8個小時就可以發酵，但若是23度則會花到10～12個小時。請邊觀察酵母原種的狀態邊調整發酵時間。但如果溫度太低酵母原種就不會發酵，因此請注意不要讓溫度低於20度。要是溫度持續下降時，使用能保持恆溫的家用發酵機也是一種方法。可以在網路商店購入。

在家烤出更美味的

自製天然酵母麵包作法

有各式各樣關於製作
自製天然酵母麵包的疑問,
本頁為想烤出更專業的麵包的讀者,
提供烤出美味麵包的7個祕訣。

Q1

做吐司時會在麵粉中加入水分,
為什麼做硬式麵包時
卻不用加水分?

做鄉村麵包或棍子麵包之類的硬式麵包時,為了讓外皮
有薄脆感及充滿氣孔,原則上不會過度揉麵。因此,在
麵粉中加入水分,是為了想讓材料快速混合。用這種方
法會更加容易混合,所以建議不想揉麵團時都可以這樣
做。不過吐司或馬芬等麵包就可以照一般的作法,在麵
粉中加入水分也OK。

Q2

自製天然酵母麵包
為什麼不用排氣?

自製天然酵母和人工培養酵母相比,其特色在於發酵不
穩定。一經排氣就會扁塌,變得難以膨脹。特別像是棍
子麵包或農家麵包等充滿氣孔的麵包種類,盡可能不要
排氣。重點在於處理麵團時感覺要讓麵團裡的氣體均勻
分布。整型時,要感覺像在摺鬆軟的棉被,溫柔地對待
麵團。如果在這個步驟壓得太大力,就會變成組織過密
的堅硬麵包。

Q3

為什麼鄉村麵包或棍子麵包的麵團
要放入冷藏室中冷卻？

像鄉村麵包或棍子麵包這種水分含量多的麵團，總是容易變得黏手又難以處理。在分割麵團前放入冷藏室中冷卻30分鐘～1個小時，就能讓麵團收縮變得好處理。配料多的麵團也是只要放入冷藏室中降溫，就能變得更容易整型。為了降低這2種麵包揉好麵團時的溫度，先將麵粉和水冰在冷藏室中冷卻也很重要。

Q4

靜置鬆弛和最後發酵的時候，
為什麼要同時蓋上
發酵布和濕布？

做硬式麵包時，為了防止麵團乾燥要蓋上東西，要是直接蓋上濕布會和麵團黏在一起，所以要先蓋發酵布。原則上乾燥季節兩種都要蓋，但若是整型後的麵團太黏手，也可以只蓋上發酵布。另外，把鄉村麵包放入藤編發酵籃中發酵時，為了避免直接接觸麵團，只蓋濕布也OK。下雨濕度很高時，有時候我兩種都不會用。請配合當天的氣候和室內環境，臨機應變採取適合的方式。

Q5

為什麼烤麵包時
要用噴霧器往烤箱內側噴灑熱水？
不能噴在麵團上嗎？

使用噴霧的目的不是為了讓麵團變濕，而是要讓烤箱內部充滿蒸氣。這麼做會讓麵包外皮變得薄脆，也讓麵包割紋容易張開。朝向烤箱內側噴水，就算只有少量的蒸氣，也會包覆在整體麵團，烤出美味鬆軟的麵包。但是要注意如果直接噴水在麵團上，麵團太濕就會讓麵包割紋開得不漂亮。另外，為了避免降低已經預熱好的烤箱內部溫度，還有一個重點是不要噴一般的水，而是使用不至於導致燙傷的溫熱水。

Q6

烤硬式麵包時，
為什麼要在噴水後
關掉烤箱電源7分鐘？

麵團在爐內膨脹（咻地膨脹起來）時，剛開始的7分鐘是決勝關鍵。這個步驟如果沒有關掉電源，原本烤箱內部充滿的蒸氣會因為熱風消散，麵包割紋的部分會變得乾燥。這樣麵包割紋無法打開，就會烤出撐不開割紋的麵包。為了避免這種情況，關閉電源7分鐘，只靠烤箱內儲存的蒸氣和熱度就能讓割紋一口氣張開。當然在這期間不可以打開烤箱。當割紋完全張開之後，再重新定時烘烤，就能烤出形狀漂亮的麵包。

Q7

聽說烤麵包時
用銅板或石板烤不錯，
請問會有什麼樣的效果呢？

兩種烤盤都是為了能夠提高蓄熱效果而使用。可以加強下火的效果，讓烤箱內部維持溫熱，並烤出酥脆正宗的麵包。石板比銅板更容易降溫，所以我會使用2cm厚的石板。我也喜歡用有遠紅外線效果的火山岩石板。但由於石板太重不太好用，而且也很難買到，所以初次嘗試我建議使用銅板。薄銅板沒什麼效果，所以最好使用0.8mm～1mm的厚度。本書中，在烤箱中放入1片方形烤盤取代石板或銅板。不只烤硬式麵包，也能烤出美味的可頌或吐司。銅板可以在網路商店購入。

Pain de mie

龐多米麵包　所謂的龐多米麵包,是指用一般稱為吐司烤模的四方形烤模烤出的麵包,
包含角型吐司(帶蓋)、山型吐司(無蓋)和條狀吐司等種類。
本章會介紹從每天都會想吃的簡單的輕食吐司,到葡萄乾、核桃等人氣口味。
也會詳細解說濕潤又柔軟的熱門「湯種麵包」。

pain carré

方形麵包

不論直接吃、烤麵包，或是做成三明治都很美味，
讓人吃不膩的方形麵包。
這款麵包的魅力在於蓋上蓋子後烘烤口感細緻、蓬鬆又柔軟。
為了襯托出這種融於口中的口感和豐富的滋味，
添加鮮奶油、奶油和蜂蜜製作是一大重點。

[材料]（1條12兩吐司烤模份量）
*（　）：烘焙百分比

高筋麵粉（春豐高筋麵粉）	225g	（90%）
高筋麵粉（江別製粉E65歐式麵包專用粉）	25g	（10%）
鹽	4g	（1.5%）
蔗糖	5g	（2%）
蜂蜜	13g	（5%）
水	100g	（40%）
鮮奶油（乳脂含量36%）	13g	（5%）
酵母原種	113g	（45%）
奶油（不含鹽）	13g	（5%）
手粉（高筋麵粉）	適量	

* 大調理盆＝直徑30cm不鏽鋼製
　中調理盆＝直徑21cm耐熱塑膠製
* 模具尺寸
　12兩烤模：（內徑）長19cm×寬9.5cm×高9cm／
　（底部）長17cm×寬8.5cm／（體積）1463cm³

[準備]
・先將烤模內部和模蓋內側噴好油。
・先將奶油放在室溫下軟化。

揉麵　＊用日本KNEADER揉麵機需要揉12分鐘

1 將大調理盆放到磅秤上，測量高筋麵粉後稍微攪拌。

2 將中調理盆放到磅秤上，按照順序測量並加入鹽、蔗糖、蜂蜜和水。

3 用迷你打蛋器攪拌至材料完全溶解。

4 接著，按照順序加入鮮奶油和酵母原種，用迷你打蛋器攪拌並打散結塊。

5 將步驟4的酵母原種液倒入大調理盆中。

6 用刮板攪拌並讓麵粉吸收水分後,在調理盆中集中成團。

7 將麵團放到揉麵板上,用掌根從上方將麵團搓揉拉長,再折回靠近自己的位置。持續改變方向並用相同方式充分搓揉麵團。

8 揉到麵團沒有殘粉後,放上切碎的奶油並揉進麵團中。

9 繼續搓揉麵團直到產生彈性。

10 待麵團表面變得光滑後,將麵團表面滾成緊繃的圓球狀,捏牢固定麵團底部。

基本發酵 | **27~28度** | **5~6個小時** → **排氣**

11 將麵團收口朝下放入清潔乾淨的中調理盆,並蓋上保鮮膜。

1 讓麵團在27~28度的溫度下發酵5~6個小時。當麵團膨脹到超過調理盆的1/2左右的高度(約超過2倍)時就OK。在麵團上灑手粉。

2 將刮板插入麵團四周,讓麵團剝離調理盆。

3 快速將調理盆倒扣在揉麵板上,讓麵團自然脫落。

4 將麵團表面整理成輕微繃緊的狀態(排氣)。

27~28度 | **2個小時** → **分割麵團**

5 將麵團放入中調理盆,並蓋上保鮮膜,讓麵團在27~28度的溫度下發酵2個小時左右。

6 當麵團膨脹到調理盆的2/3左右的高度(約2.5倍大)時,就結束基本發酵。

1 在麵團上灑手粉。

2 將刮板插入麵團四周,讓麵團剝離調理盆。

3 快速將調理盆倒扣在揉麵板上,讓麵團自然脫落。

4 用刮板將麵團分割成2等分。將每份麵團重量調整成250g左右。

5 將麵團表面滾成緊繃的圓球狀，捏緊固定麵團底部，收口朝下放在揉麵板上。

讓麵團在20~25度的溫度下靜置20~30分鐘。冬季乾燥時期，要蓋上擰乾的濕布，以防止麵團乾燥。

整型

1 將麵團收口朝下放在揉麵板上，用擀麵棍從中心向外擀出空氣。

2 將麵團翻面並用擀麵棍擀成12cm×15cm左右的大小。

3 將麵團兩端折向中心後，捏緊固定接合處。

4 垂直擺放麵團，從靠近自己的位置向外捲緊麵團。

5 輕輕地捏緊固定麵團尾端。

6 將麵團收口朝下並把漩渦朝向同一個方向放入烤模中。將麵團放在烤模的兩端，留出中央的空間。

讓麵團在27~28度的溫度下發酵60~70分鐘。當麵團膨脹到烤模頂端向下3cm左右時結束發酵。

低溫起步法

100度	10分鐘

↓

150度	10分鐘

↓

200度	25分鐘

將烤模蓋上蓋子並放上烤盤，送入烤箱後用100度烤10分鐘，接著用150度烤10分鐘。再繼續用200度烤25分鐘，將麵包脫模後放在金屬網架上置涼。

＊因為從低溫開始烘烤，緩慢提高溫度後才出爐，所以不需要預熱烤箱。

pain aux germes

方形胚芽麵包

人稱營養寶石的小麥胚芽。

搭配熟芝麻的風味，香氣格外濃郁。

可以直接品嘗麵包的Q彈口感，也可以抹奶油、淋蜂蜜，

或是做成起司烤吐司……。有很多不同的吃法。

[材料]（1條12兩吐司烤模份量）

＊（　）：烘焙百分比

高筋麵粉（春豐高筋麵粉）	225g（90%）
高筋麵粉（夢之力100%高筋麵粉）	25g（10%）
小麥胚芽（烘烤）	10g（4%）
鹽	2g（1%）
蔗糖	8g（3%）
蜂蜜	8g（3%）
牛奶	110g（44%）
水	40g（16%）
酵母原種	113g（45%）
奶油（不含鹽）	15g（6%）
熟白芝麻	15g（6%）
手粉（高筋麵粉）	適量

＊大調理盆＝直徑30cm不鏽鋼製
　中調理盆＝直徑21cm耐熱塑膠製
＊模具尺寸＝12兩模具：（內徑）長19cm×寬9.5cm×高9cm／
　（底部）長17cm×寬8.5cm／（體積）1463cm³

[準備]

· 將小麥胚芽放入平底鍋用小火乾炒至
　深咖啡色。

· 先將烤模內部和模蓋內側噴好油。

· 先將奶油放在室溫下軟化。

揉麵 ＊用日本KNEADER揉麵機剛開始需要揉11分鐘，加入熟芝麻後
再揉3分鐘

1　將高筋麵粉和小麥胚芽加入大調理盆，用刮板稍微攪拌。

2　將鹽、蔗糖、蜂蜜、牛奶和水加入中調理盆，用迷你打蛋器攪拌
至材料完全溶解。再加入酵母原種攪拌均勻。

3　將步驟 **2** 一口氣加入步驟 **1** 中並用刮板快速攪拌。待材料成團
後，改用手攪拌並讓麵粉吸收水分。

4　麵團集中成團後，將麵團放到揉麵板上，搓揉麵團直到沒有殘
粉。將奶油揉進麵團中，再繼續搓揉。

5　加入熟白芝麻，搓揉麵團直到表面變得平整光滑。

6　將麵團表面滾成緊繃的圓球狀，捏緊固定麵團底部，收口朝下放
入中調理盆並蓋上保鮮膜。

基本發酵	27～28度	5個小時

↓

排氣

↓

27～28度	1小時30分鐘～2個小時

ⓐ

1 讓麵團在27～28度的溫度下發酵5個小時。

2 當麵團膨脹到超過調理盆的1/2左右的高度（約超過2倍）時灑手粉，將刮板插入麵團四周，讓麵團剝離調理盆。

3 將調理盆倒扣在揉麵板上並取出麵團，在一次將麵團表面滾成緊繃的圓球狀，收口朝下放入中調理盆。蓋上保鮮膜後，讓麵團在27～28度的溫度下發酵1個半～2個小時，當麵團膨脹到調理盆的2/3左右的高度 （約2.5倍大）時，就結束基本發酵（圖ⓐ）。

分割麵團

1 在麵團上灑手粉，將刮板插入麵團四周，讓麵團剝離調理盆。

2 快速將調理盆倒扣在揉麵板上，讓麵團自然脫落。

3 用刮板將麵團分割成2等分。將每份麵團重量調整成285g左右。

4 將麵團表面滾成緊繃的圓球狀，捏緊固定麵團底部，收口朝下放在揉麵板上。

靜置鬆弛   20～25度   20分鐘

讓麵團在20～25度的溫度下靜置20分鐘。冬季乾燥時期，要蓋上擰乾的濕布，以防止麵團乾燥。

整型

1 將麵團維持收口朝下並灑上手粉，稍微將麵團拍圓。均勻地輕拍麵團排氣。

2 將麵團翻面並對折，捏牢固定接合處。

3 輕壓整體麵團排氣，再次對折麵團。

4 將麵團接合處朝下並將麵團表面滾成緊繃的圓球狀，捏牢固定麵團底部。

5 將麵團收口朝下放入烤模，用拳頭輕壓麵團使其均勻分布到烤模的四個角落。

最後發酵	27～28度	45分鐘

6 將手指插進麵團四周，使麵團均勻填滿容器。

讓麵團在27～28度的溫度下發酵45分鐘。當麵團頂端膨脹到烤模邊緣向下2.5cm處時結束發酵。

烘烤

低溫起步法

100度	10分鐘

↓

150度	10分鐘

↓

200度	25分鐘

將烤模蓋上蓋子後放上烤盤，送入烤箱後用100度烤10分鐘。接著用150度烤10分鐘，再繼續用200度烤25分鐘。將麵包脫模後放在金屬網架上置涼。

＊因為從低溫開始烘烤，緩慢提高溫度後才出爐，所以不需要預熱烤箱。

pain aux raisins

葡萄乾麵包

加了酸甜葡萄乾的麵包永遠受人歡迎。
將葡萄乾分成好幾層混入麵團，
避免葡萄乾溢出麵團並均勻分布在麵團當中，
烤得恰到好處的麵包配上融化的奶油……。這種吃法也是絕頂美味。

[材料] （1條12兩吐司烤模份量）

＊（ ）：烘焙百分比

高筋麵粉（春豐100%高筋麵粉）	250g	（100%）
鹽	3g	（1.2%）
蔗糖	13g	（5%）
蜂蜜	13g	（5%）
蛋黃	15g	（6%）
鮮奶油（乳脂含量36%）	25g	（10%）
牛奶	113g	（45%）
酵母原種	113g	（45%）
奶油（不含鹽）	25g	（10%）
蘭姆葡萄乾	125g	（50%）
蛋白（塗抹用）	適量	
手粉（高筋麵粉）	適量	

＊大調理盆＝直徑30cm不鏽鋼製
　中調理盆＝直徑21cm耐熱塑膠製
＊模具尺寸
　12兩模具：（內徑）長19cm×寬9.5cm×高9cm／
　（底部）長17cm×寬8.5cm／（體積）1463cm³

[準備]

‧先將烤模內部噴好油。

‧先將奶油放在室溫下軟化。

揉麵　＊用日本KNEADER揉麵機需要揉13～14分鐘

1　將高筋麵粉加入大調理盆。

2　將鹽、蔗糖、蜂蜜和蛋黃加入中調理盆，再把迷你打蛋器貼在盆底攪拌。

3　接著加入鮮奶油、牛奶和酵母原種攪拌均勻。將步驟 **2** 加入步驟 **1** 中攪拌。

4　麵團集中成團後，將麵團放到揉麵板上，搓揉麵團直到沒有殘粉。將奶油揉進麵團並充分搓揉直到表面變得平整光滑。

5　將麵團滾圓後放到揉麵板上，用手壓成手掌大小的圓形。在麵團上半部放上超過一半的蘭姆葡萄乾後輕壓。

6　用刮板對半橫切麵團，把切下來的麵團疊放到蘭姆葡萄乾上。

7 在麵團左半部再放上剩下的超過一半的蘭姆葡萄乾,用刮板垂直對切麵團,把切下來的麵團往上疊放,形成4層麵團。

8 放上剩下的所有蘭姆葡萄乾,提起麵團兩端並包起。再提起麵團的三角形頂點並將配料包進麵團中。

9 用刮板將麵團翻面,將麵團收圓同時不要讓配料溢出。

| 基本發酵 | 27～28度 | 6個小時 | | 排氣 |

10 把麵團收到底部後捏緊固定,收口朝下放入中調理盆,並蓋上保鮮膜。

1 讓麵團在27～28度的溫度下發酵6個小時。當麵團膨脹到調理盆的2/3左右的高度(約2.5倍大)時就OK。

2 在麵團上灑手粉,將刮板插入麵團四周,讓麵團剝離調理盆。

3 將調理盆倒扣在揉麵板上,讓麵團自然脫落。

4 輕輕地將麵團表面重新滾成緊繃的圓球狀,收口朝下放入中調理盆。

| 27～28度 | 2個小時 | | 分割麵團 |

    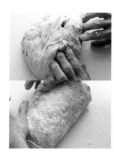

5 蓋上保鮮膜後,讓麵團在27～28度的溫度下發酵2個小時。

6 當麵團膨脹到超過調理盆的2/3左右的高度(約超過2.5倍)時,就結束基本發酵。

7 在麵團上灑手粉,將刮板插入麵團四周,讓麵團剝離調理盆。

8 將調理盆倒扣在揉麵板上,讓麵團自然脫落。

9 從靠近自己的位置將麵團往外捲一圈,收口朝下並整理成稻草捲形狀(不分割)。

靜置鬆弛 20～25度 20分鐘　　　**整型**

讓麵團在20～25度的溫度下靜置20分鐘。冬季乾燥時期，要蓋上擰乾的濕布，以防止麵團乾燥。

1 將麵團維持收口朝下並灑手粉，用手左右均勻地輕拍麵團排氣。

2 將麵團翻面後垂直擺放。輕拍麵團表面排氣，並拍平麵團。

3 將靠近自己的位置的麵團折到中央。

4 對面的麵團也折到中央。

5 將靠近自己的位置的麵團兩端折向中心點。再將另一側的麵團兩端也折向中心點。

6 折疊麵團2次，把中央接合處藏進麵團裡，再捏緊固定收口。將麵團整理成海參狀。

7 將麵團收口朝下放入烤模。

8 將手指插進麵團四周，使麵團均勻填滿容器。

最後發酵 27～28度 1小時30分鐘　　　**烘烤**

讓麵團在27～28度的溫度下發酵1個半小時。當麵團頂端膨脹到和烤模邊緣相同高度時結束發酵。

用刷子在麵團表面塗抹蛋白。這樣做可以讓麵包產生光澤感。

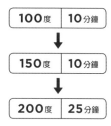

低溫起步法

100度	10分鐘

↓

150度	10分鐘

↓

200度	25分鐘

將麵包放上烤盤後送入烤箱，用100度烤10分鐘。接著用150度烤10分鐘，再繼續用200度烤25分鐘。將麵包脫模後放在金屬網架上置涼。

＊因為從低溫開始烘烤，緩慢提高溫度後才出爐，所以不需要預熱烤箱。

pain aux noix

核桃麵包

剛出爐的麵包鬆軟又Q彈～
帶來無比幸福的瞬間。
請一定要品嘗自製天然酵母麵包
獨有的奢侈美味。
稍微帶點核桃色的麵包很可愛。

［材料］（2個長14cm×寬9.5cm×高5cm的楊木製烤模份量）

＊（ ）：烘焙百分比

高筋麵粉（春豐高筋麵粉）	221g	（96%）
春豐石臼研磨全麥麵粉	9g	（4%）
鹽	2g	（1%）
蜂蜜	12g	（5%）
牛奶（四葉特選4.0牛奶）	129g	（56%）
酵母原種	104g	（45%）
奶油（不含鹽）	18g	（8%）
核桃（有機）	64g	（28%）
牛奶（塗抹用）	適量	
手粉（高筋麵粉）	適量	

＊大調理盆＝直徑30cm不鏽鋼製
　中調理盆＝直徑21cm耐熱塑膠製

［準備］

・先將核桃放入烤箱鐘用150度烤10分鐘後切碎。
・先將奶油放在室溫下軟化。

揉麵 ＊用日本KNEADER揉麵機剛開始需要揉9分鐘，加核桃後再揉3分鐘

1 將高筋麵粉、全麥麵粉加入大調理盆，用刮板稍微攪拌。

2 將鹽、蜂蜜和牛奶加入中調理盆，用迷你打蛋器攪拌至材料完全溶解。再加入酵母原種攪拌均勻。

3 將步驟 2 一口氣加入步驟 1 中並用刮板快速攪拌。待材料成團後，改用手攪拌並讓麵粉吸收水分。

4 麵團集中成團後，將麵團放到揉麵板上，搓揉麵團直到沒有殘粉。將奶油揉進麵團，再繼續揉麵。

5 加入核桃後搓揉麵團，讓麵團吸收核桃的顏色，搓揉麵團直到表面變得平整光滑。

6 將麵團表面滾成緊繃的圓球狀，捏緊固定麵團底部，收口朝下放入中調理盆並蓋上保鮮膜。

基本發酵 27～28度 5個小時
↓
排氣
↓
27～28度 1小時30分鐘～2個小時

1 讓麵團在27～28度的溫度下發酵5個小時。當麵團膨脹到調理盆的1/2左右的高度（約2倍大）時灑手粉，將刮板插入麵團四周，讓麵團剝離調理盆。

2 將調理盆倒扣在揉麵板上並取出麵團，將麵團重新滾圓，收口朝下放入中調理盆。蓋上保鮮膜後，讓

麵團發酵1個半～2個小時，當麵團膨脹到超過調理盆的1/2左右的高度（約超過2倍）時，就結束基本發酵（圖ⓐ）。

分割麵團

1 在麵團上灑手粉，將刮板插入麵團四周，讓麵團剝離調理盆。快速將調理盆倒扣在揉麵板上，讓麵團自然脫落。

2 用刮板將麵團分割成4等分（圖ⓑ）。將每份麵團重量調整成140g左右（圖ⓒ）。

3 將麵團表面滾成緊繃的圓球狀，捏緊固定麵團底部，收口朝下放在揉麵板上。

靜置鬆弛 20～25度 20分鐘

讓麵團在20～25度的溫度下靜置20分鐘。冬季乾燥時期，要蓋上擰乾的濕布，以防止麵團乾燥（圖ⓓ）。

整型

1 將麵團重新滾圓，捏牢固定麵團底部（圖ⓔ）。

2 將麵團收口朝下，分別在每個楊木製烤模中放入2個麵團（圖ⓕ）。

最後發酵 27～28度 50分鐘

讓麵團在27～28度的溫度下發酵50分鐘。麵團膨脹變大一圈後結束發酵（圖ⓖ）。

＊將烤箱預熱220～230度

烘烤 200度 16分鐘

1 用刷子在麵團表面塗抹牛奶（圖ⓗ）。

2 將麵團放上烤盤後送入預熱好的烤箱，用200度烤16分鐘，取出麵包後放在金屬網架上置涼。

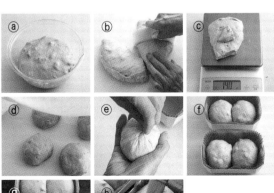

pain raux à l'eau

湯種吐司

這款是烤模上不加蓋烤成山形的麵包。
加入用熱水攪拌麵粉的「湯種」，
可以讓吐司的口感變得柔軟、濕潤且Q彈。
甚至有人說湯種麵包是可以直接吞的麵包，美味到一口接一口地停不下來。
因為酵素效果會產生甜味，在各年齡層都很受歡迎。

[材料] （1條12兩吐司烤模份量）
*（　）：烘焙百分比

【湯種用】
高筋麵粉（春豐100%高筋麵粉）⋯⋯⋯75g（25%）
熱水⋯⋯⋯⋯⋯⋯⋯⋯⋯⋯⋯⋯105g（35%）
【主麵團用】
高筋麵粉（春豐100%高筋麵粉）⋯⋯⋯225g（75%）
鹽⋯⋯⋯⋯⋯⋯⋯⋯⋯⋯⋯⋯⋯⋯3g（1%）
蔗糖⋯⋯⋯⋯⋯⋯⋯⋯⋯⋯⋯⋯11g（3.5%）
酵母原種⋯⋯⋯⋯⋯⋯⋯⋯⋯⋯135g（45%）
牛奶（四葉特選4.0牛奶）⋯⋯⋯⋯150g（50%）
奶油（不含鹽）⋯⋯⋯⋯⋯⋯⋯⋯30g（10%）
手粉（高筋麵粉）・上新粉（蓬萊米粉）
⋯⋯⋯⋯⋯⋯⋯⋯⋯⋯⋯⋯⋯皆適量

*大調理盆＝直徑30cm不鏽鋼製　　中調理盆＝直徑21cm耐熱塑膠製
*模具尺寸　12兩模具：（內徑）長19cm×寬9.5cm×高9cm／
　　　　　（底部）長17cm×寬8.5cm／（體積）1463cm³

[準備]

・先將烤模內部噴好油。

・先將奶油放在室溫下軟化。

製作湯種 ⟶

揉麵 *用日本KNEADER揉麵機
需要揉16～17分鐘 ⟶

1 製作湯種（在處理麵團前一天做好）。將高筋麵粉加入中調理盆，再注入熱水（一定要用沸騰的熱水）。

2 用刮刀快速攪拌，攪拌麵粉直到產生黏性。就算有些許殘粉也OK（攪拌完的溫度約60度）。

3 待湯種散熱後，用保鮮膜緊貼包覆湯種麵團，接著再蓋上另一層保鮮膜。放入冷藏室中靜置12個小時。

4 製作主麵團。將牛奶倒入步驟**3**中。

5 用刮刀像要把湯種切碎的方式攪拌後，靜置鬆弛10分鐘左右。加入鹽、蔗糖和酵母原種後，稍微攪拌。

6 將高筋麵粉加入大調理盆後，再加入步驟 **5**。用刮刀將黏在調理盆上的湯種刮乾淨。

7 用刮板從麵團邊緣向中央切碎及攪拌麵團，並讓麵粉吸收水分後，在調理盆中整理成團。

8 將麵團放到揉麵板上，像是將麵團搓揉在揉麵板上的方式揉麵。

9 麵團集中成團後，在揉麵板上反覆甩打麵團100次左右。麵團會形成筋性。

10 直到麵團變得不黏手又平滑就可以。

11 將麵團壓成圓形，把奶油塗抹在整體麵團上。

12 用刮板將麵團對半切割。

13 重疊切下來的麵團。

14 像是將麵團搓揉在揉麵板上的方式揉麵。接著反覆甩打麵團100次左右，強化麵團筋性。

15 待麵團變得平滑，將麵團表面滾成緊繃的圓球狀，捏緊固定麵團底部。收口朝下放入中調理盆，並蓋上保鮮膜。

基本發酵 | 27～28度 | 5～5小時30分鐘 → **排氣** | 27～28度 | 2個小時

1 讓麵團在27～28度的溫度下發酵5～5個半小時。

2 當麵團膨脹到調理盆的2/3左右的高度（約2.5倍大）時就OK。

3 在麵團上灑手粉，將刮板插入麵團四周，讓麵團剝離調理盆。將調理盆倒扣在揉麵板上，讓麵團自然脫落。

4 輕輕地將麵團表面重新滾成繃緊的圓球狀（排氣）。

5 將麵團放回中調理盆，蓋上保鮮膜後，讓麵團在27～28度的溫度下發酵2個小時。

6 當麵團膨脹到超過調理盆的2/3左右的高度（約超過2.5倍）時，就結束基本發酵。

1 在麵團上灑手粉，將刮板插入麵團四周，讓麵團剝離調理盆。將調理盆倒扣在揉麵板上，讓麵團自然脫落。

2 用刮板將麵團分割成2等分。將每份麵團重量調整成350～360g左右。

3 對折麵團，小心不要讓空氣排出並快速滾圓。

靜置鬆弛 | 20～25度 | 20分鐘

讓麵團在20～25度的溫度下靜置20分鐘。

整型

1 在揉麵板上灑手粉，將麵團收口朝下放置，用手將麵團壓成直徑15cm左右的圓形。輕壓整體麵團並排氣。

2 將麵團翻面，用相同方式排氣。

3 對折麵團，輕壓麵團排氣後再次對折麵團。

最後發酵 | 27～28度 | 1個小時

烘烤

低溫起步法

100度	10分鐘
150度	10分鐘
200度	25分鐘

4 輕輕地將麵團表面滾成緊繃的圓球狀，捏緊固定麵團底部。

5 將麵團收口朝下放入烤模中。將手指插進麵團四周，使麵團均勻填滿容器。

讓麵團在27～28度的溫度下發酵1個小時。當麵團頂點膨脹到和烤模邊緣一樣高時結束發酵。

在麵團表面噴一下水，過篩灑上新粉（蓬萊米粉）。烤模放上烤盤，入烤箱用100度烤10分鐘，再用150度烤10分鐘，最後用200度烤25分鐘。將麵包脫模後放在金屬網架上置涼。

＊因為從低溫開始烘烤，緩慢提高溫度後才出爐，所以不需要預熱烤箱。

Campagne

鄉村麵包充滿許多氣孔且外表粗曠，
擁有黑麥麵粉和全麥麵粉樸素滋味的迷人法式「鄉村風麵包」。
為了做這款鄉村麵包而來到我的教室的學生很多，是一款受歡迎的硬式麵包。
冷卻後的麵包比剛出爐的麵包更加美味，可以享用2～3天。

campagne

鄉村麵包

鄉村麵包外皮酥脆，內部濕潤、Q彈。

為了讓麵包產生這種口感，我使用了「春豐高筋麵粉」。

要讓外皮帶有酥脆感，最大的重點在於不要過度搓揉麵團，以及不要過度發酵。

然後，將麵團放入叫做「藤編發酵籃」的專用麵包籃中發酵，

可以讓麵包印上熟悉的條紋圖案。

[材料] （1個直徑19cm的圓形藤編發酵籃份量） ＊（ ）：烘焙百分比

高筋麵粉（春豐高筋麵粉）·············	187g（75%）
春豐石臼研磨全麥麵粉·············	50g（20%）
黑麥全麥麵粉（粗磨）·············	13g（5%）
鹽·············	5g（2%）
蜂蜜·············	5g（2%）
水·············	115g（46%）
酵母原種·············	113g（45%）
手粉（高筋麵粉）·············	適量
黑麥全麥麵粉（藤編發酵籃用）·············	適量

＊大調理盆＝直徑30cm不鏽鋼製
　中調理盆＝直徑21cm耐熱塑膠製
＊夏天時麵粉和水要冰鎮。

揉麵

1 將大調理盆放到磅秤上，按照順序測量並加入鹽、蜂蜜和水，用迷你打蛋器攪拌至材料完全溶解。

2 因為酵母原種會分離，所以使用前要攪拌均勻，之後將酵母加入大調理盆並用迷你打蛋器攪拌。

3 將中調理盆放到磅秤上，按照順序測量並加入高筋麵粉、全麥麵粉和黑麥全麥麵粉。接著用刮板稍微攪拌。

4 將麵粉一口氣加入大調理盆。

5 用刮板快速混合整體材料。待材料集中成團後，用手壓揉混合麵團，讓麵團吸收水分。等到麵團集中成團後，放到揉麵板上。

6 用掌根按壓並將麵團搓揉拉長，再折回靠近自己的位置。持續改變方向並用相同方式搓揉麵團數次，直到沒有殘粉就結束。就算有點粗糙感也OK。

7 將麵團表面滾成緊繃的圓球狀，捏牢固定麵團底部。

8 將麵團收口朝下放入清潔乾淨的中調理盆，並蓋上保鮮膜。

基本發酵 | 25度 | 5個小時

1 讓麵團在25度的溫度下發酵5個小時。當麵團膨脹到調理盆的1/2左右的高度（約2倍大）時就OK。

2 在麵團上灑手粉，將刮板插入麵團四周，讓麵團剝離調理盆。快速將調理盆倒扣在揉麵板上，讓麵團自然脫落。

排氣 | 25度 | 2個小時

3 輕輕地將麵團表面重新滾成緊繃的圓球狀（排氣）。收口朝下放入中調理盆，蓋上保鮮膜後，讓麵團在25度的溫度下發酵2個小時左右。

冷藏室 | 30分鐘　　**分割麵團**

4 當麵團膨脹到調理盆的2/3左右的高度（約2.5倍大）時，就結束基本發酵。將麵團放入冷藏室中冷卻30分鐘（麵團溫度約20度）。

1 在麵團上灑手粉，將刮板插入麵團四周，讓麵團剝離調理盆。將調理盆倒扣在揉麵板上，讓麵團自然脫落。

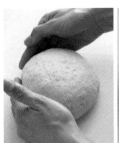 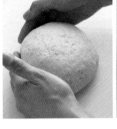

2 將麵團表面再一次滾成緊繃的圓球狀後，收口朝下放置（不分割）。

靜置鬆弛 | 20～25度 | 20分鐘

為了防止麵團乾燥，按照順序蓋上發酵布→濕布。讓麵團在20～25度的溫度下靜置20分鐘。

整型

1 先用濾茶網將黑麥全麥麵粉過篩灑在籐編發酵籃上。

2 在麵團上灑手粉，用手掌從中心向外輕柔地按壓一圈。讓空氣均勻地分布在麵團中並排出多餘氣體。

3 將麵團翻面，收口朝上，從靠近自己的位置向外對折。

4 接下來將麵團轉90度垂直擺放，再從靠近自己的位置向外對折麵團形成4層。

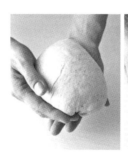

5 拿起麵團並維持折疊處朝上，將麵團表面整理成緊繃的圓球狀。

6 捏牢固定麵團底部。收口朝上，放入籐編發酵籃並蓋上濕布。

＊在這個步驟把烤盤放入烤箱，預熱250度。

最後發酵 | 25度 | 40分鐘

烘烤

讓麵團在25度的溫度下發酵40分鐘。麵團膨脹變大一圈後結束發酵。

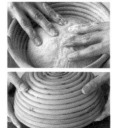

1 雙手壓住麵團並同時倒扣籐編發酵籃，把麵團輕輕地取出放在烘焙紙上。

2 在麵團表面用割紋刀割下5mm深的十字割紋。把麵團連同烘焙紙放上烤盤後，送入預熱好的烤箱。

| 230度 | 10分鐘 |
↓
| 210度 | 5～7分鐘 |

3 用噴霧器朝烤箱內部噴3～4次溫熱的水。請注意不要直接噴在麵團上。關上烤箱門並暫時關掉電源，等待7分鐘。接著用230度烤10分鐘，再用210度烤5～7分鐘，取出麵包後放在金屬網架上置涼。

＊割紋會因為暫時關掉烤箱電源，而開得更漂亮。

campagne ovale

橢圓形鄉村麵包

這是一款用橢圓形藤編發酵籃發酵的鄉村麵包。
增加水分含量，使完成的麵包內層維持輕盈感。
重點在於將麵團搓揉得更緊實，以增加麵團韌性。
這個配方可以用日本KNEADER揉麵機來揉麵。

[材料]（1個長度19cm的橢圓形藤編發酵籃份量）
＊（　）：烘焙百分比

高筋麵粉（春豐高筋麵粉）	187g	（75%）
春豐石臼研磨全麥麵粉	50g	（20%）
黑麥全麥麵粉（粗磨）	13g	（5%）
鹽	5g	（2%）
蜂蜜	5g	（2%）
水	125g	（50%）
酵母原種	113g	（45%）
手粉（高筋麵粉）	適量	
黑麥全麥麵粉（藤編發酵籃用）	適量	

＊大調理盆＝直徑30cm不鏽鋼製
　中調理盆＝直徑21cm耐熱塑膠製
＊夏天時麵粉和水要冰鎮。

揉麵 ＊用日本KNEADER揉麵機需要揉8分鐘

1 將鹽、蜂蜜和水加入大調理盆，用迷你打蛋器攪拌至材料完全溶解。再加入酵母原種攪拌均勻。

2 將高筋麵粉、全麥麵粉和黑麥全麥麵粉加入中調理盆，用刮板稍微攪拌。

3 將步驟 **2** 一口氣加入步驟 **1** 中，並用刮板快速攪拌。待材料成團後，改用手攪拌並讓麵粉吸收水分。

4 麵團集中成團後，將麵團放到揉麵板上，搓揉麵團直到沒有殘粉，並揉到稍微產生彈性為止。

5 將麵團表面滾成緊繃的圓球狀，捏緊固定麵團底部，收口朝下放入中調理盆，並蓋上保鮮膜。

基本發酵 25度 5個小時
↓
排氣
↓
25度 2個小時
↓
冷藏室 30分鐘

1 讓麵團在25度的溫度下發酵5個小時。當麵團膨脹到調理盆的1/2左右的高度（約2倍大）時灑手粉，將刮板插入麵團四周，讓麵團剝離調理盆。

2 將調理盆倒扣在揉麵板上，讓麵團自然脫落，再一次將麵團表面滾成緊繃的圓球狀後，收口朝下放入中調理盆。蓋上保鮮膜後，讓麵團在25度的溫度下發酵2個小時左右，當麵團膨脹到調理盆的2/3左右的高度（約2.5倍大）時，就結束基本發酵。接著將麵團放入冷藏室中冷卻30分鐘（麵團溫度約20度）。

分割麵團

1 在麵團上灑手粉，將刮板插入麵團四周，讓麵團剝離調理盆後，將調理盆倒扣在揉麵板上並取出麵團。

2 將麵團表面重新滾成緊繃的圓球狀後，收口朝下放置（不分割），按照順序蓋上發酵布→濕布。

靜置鬆弛 20～25度 20分鐘

讓麵團在20～25的溫度下靜置20分鐘。

整型

1 先用濾茶網將黑麥全麥麵粉過篩灑在藤編發酵籃上。

2 在麵團上灑手粉，收口朝上放置，用手按壓麵團排氣。用手將麵團壓成直的橢圓形（圖ⓐ），從靠近

自己的位置往外折麵團並留下3cm左右（圖ⓑ）。輕拍整體麵團並橫向擺放，左右折疊麵團（圖ⓒ）。

3 提起麵團頂點折向靠近自己的位置（圖ⓓ），再次左右折疊麵團（圖ⓔ）。捏緊接合處2次（圖ⓕ），捏牢固定之後（圖ⓖ），從靠近自己的位置將麵團往外捲一圈。

4 捏牢固定麵團收口（圖ⓗ），將麵團整理成符合藤編發酵籃大小的海參狀。收口朝上放入藤編發酵籃（圖ⓘ），並蓋上濕布。

＊在這個步驟把烤盤放入烤箱，預熱250度。

最後發酵 25度 40分鐘

讓麵團在25度的溫度下發酵40分鐘。麵團膨脹變大一圈後結束發酵。

烘烤 230度 7分鐘 → 200～210度 7分鐘

1 雙手壓住麵團並同時倒扣藤編發酵籃，取出麵團放在烘焙紙上。在麵團表面劃下1刀割紋。將割紋刀傾斜45度，以像削麵團的方式劃下割紋（圖ⓙ）。

2 把麵團連同烘焙紙放上烤盤後，送入預熱好的烤箱，用噴霧器朝烤箱內部噴3～4次溫熱的水。關上烤箱門並暫時關掉電源等待7分鐘，接著用230度烤7分鐘，再用200～210度烤7分鐘，取出麵包後放在金屬網架上置涼。

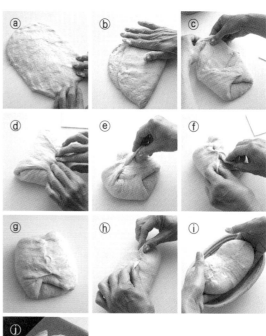

pain de campagne à la Jénoise

熱那亞青醬
鄉村麵包

把熱那亞青醬混入麵團中，
增加培根的濃香與美味。
灑上起司並烤出風味絕佳的麵包。

[材料]（2個份）＊（ ）：烘焙百分比

高筋麵粉（春豐高筋麵粉）	187g（75%）
春豐石臼研磨全麥麵粉	50g（20%）
黑麥全麥麵粉（粗磨）	13g（5%）
鹽	3g（1.2%）
蜂蜜	5g（2%）
水	100g（40%）
酵母原種	113g（45%）
熱那亞青醬	30g（12%）
培根	63g（25%）
乳酪絲	適量
手粉（高筋麵粉）	適量
上新粉（蓬萊米粉）・黑麥全麥麵粉（裝飾用）	皆適量

＊大調理盆＝直徑30cm不鏽鋼製
　中調理盆＝直徑21cm耐熱塑膠製
＊夏天時麵粉和水要冰鎮。

揉麵

1 將鹽、蜂蜜和水加入大調理盆，用迷你打蛋器攪拌至材料完全溶解。再加入酵母原種攪拌均勻。

2 將高筋麵粉、全麥麵粉和黑麥全麥麵粉加入中調理盆，用刮板稍微攪拌。

3 將步驟 **2** 一口氣加入步驟 **1** 中並用刮板快速攪拌，稍微攪拌之後灑入熱那亞青醬。繼續攪拌，待材料成團後，改用手攪拌並讓麵粉吸收水分。

4 麵團集中成團後，將麵團放到揉麵板上，用手搓揉麵團直到沒有殘粉。將麵團滾圓後放下，用手將麵團壓成手掌大小的圓形。在麵團上半部放上一半份量切成1cm大小的培根，並用手輕壓（圖ⓐ）。用刮板對半橫切麵團，把切下來的麵團放在培根上方（圖ⓑ）。在麵團左半部放上剩下的一半份量的培根（圖ⓒ），用刮板垂直對切麵團，把切下來的麵團疊放在培根上方形成4層麵團（圖ⓓ）。最後放上剩下的所有培根（圖ⓔ），提起麵團兩端包起來（圖ⓕ）。再提起麵團的三角形頂點並將配料包進麵團中（圖ⓖ）。小心地不讓材料溢出並將麵團收圓（圖ⓗ）。捏緊固定麵團底部，收口朝下放入中調理盆，並上保鮮膜。

基本發酵　25度　5個小時
↓
排氣
↓
25度　2個小時
↓
冷藏室　30分鐘

1 讓麵團在25的溫度下發酵5個小時。當麵團膨脹到調理盆的1/2左右的高度（約2倍大）時，就在麵團上灑手粉，將刮板插入麵團四周，讓麵團剝離調理盆。

2 將調理盆倒扣在揉麵板上並取出麵團，再一次將麵團表面滾成緊繃的圓球狀，收口朝下放入中調理盆。蓋上保鮮膜後，讓麵團在25度的溫度下發酵2個小時左右，當麵團膨脹到調理盆的2/3左右的高度（約2.5倍大）時，就結束基本發酵。接著將麵團放入冷藏室中冷卻30分鐘（麵團溫度約20度）。

分割麵團

1 在麵團上灑手粉，將刮板插入麵團四周，讓麵團剝離調理盆後，將調理盆倒扣在揉麵板上並取出麵團。

2 用刮板將麵團分割成2等分，將麵團表面重新滾成緊繃的圓球狀，收口朝下放置，按照順序蓋上發酵布→濕布。

靜置鬆弛　20～25度　20分鐘

讓麵團在20～25度的溫度下靜置20分鐘。

整型

1 按照P.35的 **整型** 步驟**2**～步驟**5**的要領整理麵團，將麵團表面滾成緊繃的圓球狀，捏緊固定麵團底部。

2 在烤盤上鋪發酵布並灑上新粉（蓬萊米粉），將麵團收口朝下放置，用發酵布分隔麵團。按照順序蓋上發酵布→濕布。

＊在這個步驟把另一個烤盤放入烤箱，預熱250度。

最後發酵　25度　40分鐘

讓麵團在25度的溫度下發酵40分鐘。麵團膨脹變大一圈後結束發酵。

烘烤　230度　7分鐘 ➡ 210度　7～10分鐘

1 用麵包移動板把麵團移放到烘焙紙上，用濾茶網將黑麥全麥麵粉過篩灑在麵團表面。用割紋刀劃下深度5mm的十字割紋，在割紋處放入乳酪絲（圖ⓘ）。

2 把麵團連同烘焙紙放上烤盤後，送入預熱好的烤箱，用噴霧器朝烤箱內部噴3～4次溫熱的水。關上烤箱門並暫時關掉電源等待7分鐘，用230度烤7分鐘，再用7～10分鐘，取出麵包後放在金屬網架上置涼。

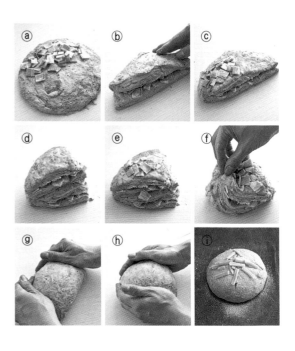

迷你巧克力鄉村麵包

巧克力和可可亞都選用了風味絕佳的法芙娜品牌，
並混用了2種帶有些許不同香氣的巧克力。
水果乾的酸味與堅果的口感創造出絕妙的麵包。

[材料]（3個份）＊（ ）：烘焙百分比

高筋麵粉（春豐高筋麵粉）⋯⋯⋯⋯⋯⋯150g（60%）

高筋麵粉（江別製粉E65歐式麵包專用粉）⋯75g（30%）

可可粉（法芙娜）⋯⋯⋯⋯⋯⋯⋯⋯⋯25g（10%）

鹽⋯⋯⋯⋯⋯⋯⋯⋯⋯⋯⋯⋯⋯⋯⋯5g（2%）

蜂蜜⋯⋯⋯⋯⋯⋯⋯⋯⋯⋯⋯⋯⋯⋯8g（3%）

水⋯⋯⋯⋯⋯⋯⋯⋯⋯⋯⋯⋯⋯⋯125g（50%）

酵母原種⋯⋯⋯⋯⋯⋯⋯⋯⋯⋯⋯113g（45%）

烘焙用巧克力（法芙娜加勒比鈕扣型巧克力、

　法芙娜孟加里鈕扣型巧克力）⋯⋯各23g（各9%）

蔓越莓乾・蘭姆葡萄乾⋯⋯⋯⋯⋯各15g（各6%）

生腰果⋯⋯⋯⋯⋯⋯⋯⋯⋯⋯⋯⋯⋯30g（12%）

生開心果（去皮）⋯⋯⋯⋯⋯⋯⋯⋯⋯15g（6%）

手粉（高筋麵粉）・上新粉（蓬萊米粉）⋯皆適量

＊大調理盆＝直徑30cm不鏽鋼製
　中調理盆＝直徑21cm耐熱塑膠製
＊夏天時麵粉和水要冰鎮。

[準備]

・將巧克力切成4塊。將腰果和開心果放入烤箱
　並用150度烤10分鐘。將上述材料和蔓越莓
　乾、蘭姆葡萄乾混合在一起。

揉麵

1 將鹽、蜂蜜和水加入大調理盆，用迷你打蛋器攪拌
　至材料完全溶解。再加入酵母原種攪拌均勻。

2 將高筋麵粉、可可粉加入中調理盆，用刮板稍微攪
　拌。

3 將步驟2一口氣加入步驟1中並用刮板快速攪拌，
　待材料成團後改用手攪拌並讓麵粉吸收水分。

4 麵團集中成團後，將麵團放到揉麵板上，搓揉麵團
　直到沒有殘渣。將準備好的配料按照P.39的 揉麵
　步驟4的要領加入麵團並整理。

基本發酵 ｜ 25度 ｜ 6～6個小時30分鐘

↓
排氣
↓
25度 ｜ 2個小時
↓
冷藏室 ｜ 30分鐘

1 讓麵團在25度的溫度下發酵6～6個半小時。當麵團膨
　脹到調理盆的1/2左右的高度（約2倍大）時灑手粉，
　將刮板插入麵團四周，讓麵團剝離調理盆。

2 將調理盆倒扣在揉麵板上並取出麵團，再一次將麵團
　表面滾成緊繃的圓球狀後，收口朝下放入中調理盆。
　蓋上保鮮膜後，讓麵團在25度的溫度下發酵2個小時
　左右，當麵團膨脹到調理盆的2/3左右的高度（約2.5
　倍大）時，就結束基本發酵。接著將麵團放入冷藏室
　中冷卻30分鐘（麵團溫度約20度）。

分割麵團

在麵團上灑手粉，將刮板插入麵團四周，讓麵團剝離
調理盆後，將調理盆倒扣在揉麵板上並取出麵團。用
刮板依放射狀將麵團分割成3等分，測量麵團重量並
將每份麵團調整成205g左右。盡量把配料放進麵團中
並重新滾圓後，收口朝下放在揉麵板上，按照順序蓋
上發酵布→濕布。

靜置鬆弛 ｜ 20～25度 ｜ 20分鐘

讓麵團在20～25度的溫度下靜置20分鐘。

整型

1 輕輕地撐開麵團表面並重新滾圓（圖ⓐ），把麵團收
　往底部並用手指捏緊固定。

2 在烤盤上鋪發酵布並灑上新粉（蓬萊米粉），將麵團
　收口朝下放置，再用發酵布分隔麵團（圖ⓑ），按照
　順序蓋上發酵布→濕布。

　＊在這個步驟把另一個烤盤放入烤箱，預熱250度。

最後發酵 ｜ 25度 ｜ 40分鐘

讓麵團在25度的溫度下發酵40分鐘。麵團膨脹變大一
圈後結束發酵。

烘烤 ｜ 230度 ｜ 10分鐘 ➡ 210度 ｜ 10分鐘

1 用刮板將麵團移放到烘焙紙上，用濾茶網將上新粉
　（蓬萊米粉）過篩灑在麵團表面。用割紋刀劃下6～
　7mm深的一字線割紋。

2 把麵團連同烘焙紙放上烤盤後，送入預熱好的烤箱，
　用噴霧器朝烤箱內部噴3～4次溫熱的水。關上烤箱門
　後，用230度烤10分鐘，再用210度烤10分鐘，取出
　麵包後放在金屬網架上置涼。

ⓐ　ⓑ

pain de campagne aux fruits secs

水果鄉村麵包

使用一般常用的色彩繽紛的水果乾，
可以充分享受麵包的甜味、濃醇與酸味。
麵包切開後的斷面很吸睛。

[材料]（1個長度19cm的橢圓形藤編發酵籃份量）

＊（ ）：烘焙百分比

高筋麵粉（春豐高筋麵粉）‧‧‧‧‧‧‧‧‧187g（75%）

春豐石臼研磨全麥麵粉‧‧‧‧‧‧‧‧‧63g（25%）

鹽‧‧‧‧‧‧‧‧‧‧‧‧‧‧‧‧‧‧‧‧‧‧‧‧‧‧‧‧‧‧‧‧3g（1.2%）

蜂蜜‧‧‧‧‧‧‧‧‧‧‧‧‧‧‧‧‧‧‧‧‧‧‧‧‧‧‧‧5g（2%）

水‧‧‧‧‧‧‧‧‧‧‧‧‧‧‧‧‧‧‧‧‧‧‧‧‧‧115g（46%）

酵母原種‧‧‧‧‧‧‧‧‧‧‧‧‧‧‧‧‧‧‧‧113g（45%）

蘭姆葡萄乾‧李子乾（不含籽）‧

　白無花果乾‧‧‧‧‧‧‧‧‧‧‧‧各20g（各8%）

無核小葡萄乾‧綠葡萄乾‧

　蘇丹娜葡萄乾‧‧‧‧‧‧‧‧‧‧各15g（各6%）

蔓越莓乾‧切半杏桃乾‧

　橙皮（條狀）‧‧‧‧‧‧‧‧‧‧‧‧各15g（各6%）

手粉（高筋麵粉）‧‧‧‧‧‧‧‧‧‧‧‧適量

＊大調理盆＝直徑30cm不鏽鋼製
　中調理盆＝直徑21cm耐熱塑膠製

＊夏天時麵粉和水要冰鎮。

[準備]

‧將白無花果乾、無核小葡萄乾、綠葡萄乾、蘇丹娜葡萄乾
　用溫水浸泡10分鐘後，擦乾水分。

‧將白無花果乾和切半杏桃乾切成4等分，李子乾切對半。

‧輕輕地清洗橙皮後擦乾水分，切成3mm寬。將所有水果乾
　混合好。

揉麵

1 將鹽、蜂蜜和水加入大調理盆，用迷你打蛋器攪拌
至材料完全溶解。再加入酵母原種攪拌均勻。

2 將高筋麵粉、全麥麵粉加入中調理盆，用刮板稍微
攪拌。

3 將步驟 **1** 一口氣加入步驟 **1** 中並用刮板快速攪拌，
待材料成團後改用手攪拌並讓麵粉吸收水分。

4 麵團集中成團後，將麵團放到揉麵板上，搓揉麵團
直到沒有殘粉。將準備好的配料按照P.39的 **揉麵**
步驟 **4** 的要領加入麵團並整理。

| **基本發酵** | 25度 | 5個小時 |

↓

| 排氣 |

↓

| 25度 | 2個小時 |

↓

| 冷藏室 | 30分鐘 |

1 讓麵團在25度的溫度下發酵5個小時。當麵團膨脹到
調理盆的1/2左右的高度（約2倍大）時灑手粉，將刮
板插入麵團四周，讓麵團剝離調理盆。

2 將調理盆倒扣在揉麵板上並取出麵團，再一次將麵團
表面滾成緊繃的圓球狀，收口朝下放入中調理盆。蓋
上保鮮膜後，讓麵團在25度的溫度下發酵2個小時左
右，當麵團膨脹到調理盆的2/3左右的高度（約2.5倍
大）時，就結束基本發酵。接著放入冷藏室中冷卻30
分鐘（麵團溫度約20度）。

分割麵團

1 在麵團上灑手粉，將刮板插入麵團四周，讓麵團剝離
調理盆後，將調理盆倒扣在揉麵板上並取出麵團。

2 將麵團重新滾成緊繃的圓球狀，收口朝下放置（不分
割），按照順序蓋上發酵布→濕布。

| **靜置鬆弛** | 20～25度 | 20分鐘 |

讓麵團在20～25度的溫度下靜置20分鐘。

整型

1 先用濾茶網將手粉過篩灑在藤編發酵籃上。

2 在麵團上灑手粉，並把收口朝上放置，用手將麵團壓
成長20cm×寬15cm的橢圓形。把對面的1/3麵團折
向中心，將手指搓進麵團裡並做出皺褶。

3 將麵團轉180度擺放，用相同方式將對面的1/3麵團
折向靠近自己的位置後，用手按壓接合處。

4 再次將麵團對半折疊，並捏緊固定接合處，將麵團兩
端向上翻折並黏起。將麵團收口朝上放入藤編發酵籃
後，蓋上濕布。

＊在這個步驟把烤盤放入烤箱，預熱250度。

| **最後發酵** | 25度 | 40～50分鐘 |

讓麵團在25度的溫度下發酵40～50分鐘。麵團膨脹
變大一圈後結束發酵。

| **烘烤** | 230度 | 10分鐘 | ➡ | 200～210度 | 10分鐘 |

1 雙手壓住麵團同時倒扣藤編發酵籃，取出麵團放在烘
焙紙上。用割紋刀在麵團表面各斜劃4刀割紋形成斜
格子狀（圖ⓐ）。

2 把麵團連同烘焙紙放上烤盤後，送入預熱好的烤箱，
用噴霧器朝烤箱內部噴3～4次溫熱的水。關上烤箱門
並暫時關掉電源等待7分鐘，接著用230度烤10分
鐘，再用200～210度烤10分
鐘，取出麵包後放在金屬網架上
置涼。

pain de campagne aux épices

香料鄉村麵包

本款麵包中使用水煮綠胡椒
所以能做出帶有辣味同時也有溫和風味的麵包。
如果買到乾綠胡椒粒，請將份量減半使用。

[材料]（1個長度19cm的橢圓形藤編發酵籃份量）
＊（ ）：烘焙百分比

高筋麵粉（春豐高筋麵粉）	200g（80%）
春豐石臼研磨全麥麵粉	25g（10%）
黑麥全麥麵粉（粗磨）	25g（10%）
鹽	5g（2%）
蜂蜜	5g（2%）
水	120g（48%）
酵母原種	113g（45%）
水煮綠胡椒（粒）	10g（4%）
炸洋蔥	10g（4%）
生腰果	50g（20%）
手粉（高筋麵粉）	適量
黑麥全麥麵粉（藤編發酵籃用）	適量

＊大調理盆＝直徑30cm不鏽鋼製
　中調理盆＝直徑21cm耐熱塑膠製
＊夏天時麵粉和水要冰鎮。

[準備]
・將腰果放入烤箱並用150度烤10分鐘。
・將水煮過的綠胡椒的水分擦乾。

揉麵

1 將鹽、蜂蜜和水加入大調理盆，用迷你打蛋器攪拌至材料完全溶解。再加入酵母原種攪拌均勻。

2 將高筋麵粉、全麥麵粉和黑麥全麥麵粉加入中調理盆，用刮板稍微攪拌。

3 將步驟 **2** 一口氣加入步驟 **1** 中並用刮板快速攪拌，待材料成團後改用手攪拌並讓麵粉吸收水分。

4 麵團集中成團後，將麵團放到揉麵板上，用手搓揉麵團直到沒有殘粉。按照P.39的 **揉麵** 步驟 **4** 的要領，將綠胡椒加入麵團並整理。

基本發酵 25度 5個小時
↓
排氣
↓
25度 2個小時
↓
冷藏室 30分鐘

按照P.39的 **基本發酵** 步驟 **1**、步驟 **2** 的要領讓麵團發酵、冷卻。

分割麵團

1 在麵團上灑手粉，將刮板插入麵團四周，讓麵團剝離調理盆後，將調理盆倒扣在揉麵板上並取出麵團。

2 將麵團表面重新滾成緊繃的圓球狀，收口朝下放置（不分割），按照順序蓋上發酵布→濕布。

靜置鬆弛 20~25度 20分鐘

讓麵團在20~25度的溫度下靜置20分鐘。

整型

1 先用濾茶網將黑麥全麥麵粉過篩灑在整體麵團上。

2 在麵團上灑手粉並將收口朝上放置，用手將麵團壓成長20cm×寬15cm的橢圓形。在麵團上方的1/3處各放上1/3份量的炸洋蔥和腰果（圖ⓐ），將對面的麵團折向正中央，將手指戳進麵團並做出皺褶。將麵團轉180度擺放，用相同方式將剩下的一半配料放在麵團上，把對面的麵團折向正中央（圖ⓑ），再用手壓緊接合處（圖ⓒ）。將剩下的所有材料放在麵團接合處上（圖ⓓ），對折麵團並捏緊固定接合處，提起麵團兩端向上翻折並黏起。

3 將麵團收口朝上放入藤編發酵籃後，蓋上濕布。
＊在這個步驟把烤盤放入烤箱，預熱250度。

最後發酵 25度 40分鐘

讓麵團在25度的溫度下發酵40分鐘。麵團膨脹變大一圈後結束發酵。

烘烤 230度 10分鐘 ➡ 210度 7~10分鐘

1 雙手壓住麵團同時倒扣藤編發酵籃，取出麵團放在烘焙紙上。在麵團表面中央處用割紋刀斜劃下1刀5mm深的割紋，接著在兩側各劃下1刀割紋。

2 把麵團連同烘焙紙放上烤盤後，送入預熱好的烤箱，用噴霧器朝烤箱內部噴3~4次溫熱的水。關上烤箱門並暫時關掉電源等待7分鐘，接著用230度烤10分鐘，再用210度烤7~10分鐘，取出麵包後放在金屬網架上置涼。

pain de campagne au potiron

南瓜鄉村麵包

試著將地瓜乾和南瓜組合後，
做成帶有溫和甜味的麵包。
以肉桂和肉豆蔻點綴，
是有點辛辣的大人口味。

[材料]（1個長度19cm的橢圓形藤編發酵籃份量）
* （ ）：烘焙百分比

高筋麵粉（春豐高筋麵粉）	212g（85%）
春豐石臼研磨全麥麵粉	25g（10%）
黑麥全麥麵粉（粗磨）	13g（5%）
肉桂粉	2g（0.8%）
鹽	3g（1%）
肉豆蔻	少許
蜂蜜	15g（6%）
水	88g（35%）
酵母原種	113g（45%）
栗子南瓜（冷凍）	去皮後143g（57%）
地瓜乾（可以的話買整顆地瓜乾）	75g（30%）
葡萄乾	35g（14%）
核桃	50g（20%）
南瓜籽	15g（6%）
手粉（高筋麵粉）	適量

* 大調理盆＝直徑30cm不鏽鋼製
　中調理盆＝直徑21cm耐熱塑膠製
* 夏天時麵粉和水要冰鎮。

[準備]

· 將南瓜解凍、去皮後搗碎。將地瓜乾切成1.5cm的丁狀。
· 將葡萄乾浸泡溫水10分鐘後擦乾水分，將核桃和南瓜籽放入烤箱用150度烤10分鐘。

栗子南瓜

一種柔軟並帶有栗子口感的甜南瓜。冷凍栗子南瓜通常已事先加熱，所以自然解凍後就能輕鬆地搗碎。zucca（https://www.zuccazucca.com/）

揉麵

1　將鹽、蜂蜜和水加入大調理盆，用迷你打蛋器攪拌至材料完全溶解。再加入酵母原種攪拌均勻。

2　將高筋麵粉、全麥麵粉、黑麥全麥麵粉、肉桂粉和肉豆蔻加入中調理盆，用刮板稍微攪拌。

3　將步驟 2 一口氣加入步驟 1 中並用刮板快速攪拌，稍微攪拌之後撕碎並加入南瓜。繼續攪拌直到材料成團後，改用手攪拌並讓麵粉吸收水分。

4　麵團集中成團後，將麵團放到揉麵板上，搓揉麵團直到沒有殘粉。將除了地瓜乾以外的其他配料按照P.39的 揉麵 步驟 4 的要領加入麵團並整理。

基本發酵 | 25度 | 5個小時30分鐘

↓

排氣

↓

| 25度 | 1個小時30分鐘 |

↓

| 冷藏室 | 30分鐘 |

1　讓麵團在25度的溫度下發酵5個半小時。當麵團膨脹到調理盆的1/2左右的高度（約2倍大）時灑手粉，將刮板插入麵團四周，讓麵團剝離調理盆。

2　將調理盆倒扣在揉麵板上並取出麵團，再一次將麵團表面滾成緊繃的圓球狀，收口朝下放入中調理盆。蓋上保鮮膜後，讓麵團在25度的溫度下發酵1個半小時，當麵團膨脹到調理盆的2/3左右的高度（約2.5倍大）時，就結束基本發酵。接著放入冷藏室中冷卻30分鐘（麵團溫度約20度）。

分割麵團

1　在麵團上灑手粉，將刮板插入麵團四周，讓麵團剝離調理盆後，將調理盆倒扣在揉麵板上並取出麵團。

2　將麵團表面重新滾成緊繃的圓球狀，收口朝下放置（不分割），按照順序蓋上發酵布→濕布。

靜置鬆弛 | 20～25度 | 20分鐘

讓麵團在20～25度的溫度下靜置20分鐘。

整型

1　先用濾茶網將手粉過篩灑在藤編發酵籃上。

2　在麵團上灑手粉，並將收口朝上放置，用手將麵團壓成長20cm×寬15cm的橢圓形。在麵團上方1/3處放上1/3份量的地瓜乾，把對面麵團折向正中央，再將手指戳進麵團並做出皺褶。

3　將麵團轉180度擺放，用相同方式將剩下的一半地瓜乾放在麵團上，把對面麵團折向正中央，再用手壓緊接合處。

4　將剩下的所有地瓜乾放在麵團接合處上，對折麵團並捏緊固定接合處，提起麵團兩端向上翻折黏起。

5　將麵團收口朝上放入藤編發酵籃，並蓋上濕布。

＊在這個步驟把烤盤放入烤箱，預熱250度。

最後發酵 | 25度 | 40分鐘

讓麵團在25度的溫度下發酵40分鐘。麵團膨脹變大一圈後結束發酵。

烘烤 | 230度 | 10分鐘 ➡ 200度 | 5分鐘

1　雙手壓住麵團同時倒扣藤編發酵籃，取出麵團放在烘焙紙上。在麵團表面用割紋刀劃出葉脈圖案的割紋（圖ⓐ）。先垂直劃入1刀割紋，再離中央線稍遠處左右各斜劃4～5刀割紋。

2　把麵團連同烘焙紙放上烤盤後，送入預熱好的烤箱，用噴霧器朝烤箱內部噴3～4次溫熱的水。關上烤箱門並暫時關掉電源等待7分鐘，接著用230度烤10分鐘，再用200度烤5分鐘，取出麵包後放在金屬網架上置涼。

Baguette

棍子麵包表皮又香又脆，內部很濕潤。

每咬一口都能感受到麵粉的風味和美味，是一種適合搭配菜餚或湯品的麵包。

「Baguette」在法文中代表「棒」、「杖」的意思，多呈現細長狀。

本章中也會介紹切得比較小的橢圓形法國麵包、形狀有趣的麥穗麵包與葉子麵包等種類。

棍子麵包

baguette

為了讓麵包表皮產生酥脆的美味口感，
我使用「江別製粉E65歐式麵包專用粉」。
做棍子麵包時只要揉過頭就沒辦法產生獨特的酥脆感，
所以只要讓麵粉吸收水分就OK。
使用這種麵粉要是搓揉完的溫度變高，風味就會消失，
所以請用溫度計確認麵團溫度維持在20度左右。
氣溫高的季節，建議先將麵粉還有水放入冷藏室中冷卻。

[材料] （3條長度25cm的麵包份量）＊（ ）：烘焙百分比

高筋麵粉（江別製粉E65歐式麵包專用粉）	266g（95%）
高筋麵粉（春豐高筋麵粉）	14g（5%）
鹽	4g（1.6%）
蜂蜜	5g（2%）
水	157g（56%）
酵母原種	126g（45%）
手粉（高筋麵粉）・上新粉（蓬萊米粉）	皆適量

＊大調理盆＝直徑30cm不鏽鋼製
　中調理盆＝直徑21cm耐熱塑膠製
＊夏天時麵粉和水要冰鎮。

揉麵

1 將大調理盆放到磅秤上，按照順序測量並加入鹽、蜂蜜和水，用迷你打蛋器攪拌至材料完全溶解。接著再加入酵母原種攪拌均勻。

2 將中調理盆放到磅秤上，測量高筋麵粉。用刮板稍微攪拌後，將高筋麵粉一口氣加入大調理盆。

3 馬上用刮板快速攪拌所有材料。

4 材料集中成團後，用手擠壓並攪拌麵團，讓麵粉吸收水分。等到麵團集中成團後，將麵團放到揉麵板上。

基本發酵 25度 5～6個小時

5 用掌根搓揉拉長麵團，再折回靠近自己的位置。持續改變方向並用相同方式搓揉麵團4～5次，直到沒有殘粉就結束。就算稍微有點粗糙感也OK。將麵團表面滾成緊繃的圓球狀，捏牢固定麵團底部。

6 將麵團收口朝下放入清潔乾淨的中調理盆，用溫度計確認揉完麵團的溫度。適合的溫度是20度左右。

1 將調理盆蓋上保鮮膜後，讓麵團在25度的溫度下發酵5～6個小時。當麵團膨脹到快到調理盆的1/2左右的高度（約小於2倍）時就OK。

2 在麵團上灑手粉，將刮板插入麵團四周，讓麵團剝離調理盆。快速將調理盆倒扣在揉麵板上，讓麵團自然脫落。

3 輕輕地將麵團表面重新滾成緊繃的圓球狀（排氣）。

4 將麵團收口朝下放入中調理盆，蓋上保鮮膜後，讓麵團在25度的溫度下發酵1.5〜2個小時左右。

5 當麵團膨脹到快到調理盆的2/3左右的高度（約小於2.5倍）時，就結束基本發酵。接著放入冷藏室中冷卻30分鐘。

分割麵團

1 在麵團上灑手粉，將刮板插入麵團四周，讓麵團剝離調理盆。將調理盆倒扣在揉麵板上，讓麵團自然脫落。

2 在麵團上灑手粉，用刮板依放射狀將麵團分割成3等分。

3 測量麵團重量，並調整成每份190g左右。切下超過重量的麵團，放到重量不足的麵團上。

4 麵團切口朝向靠近自己的位置，把對面麵團折向正中央，再把靠近自己的位置的麵團折向正中央，讓麵團形成3折。

5 將麵團轉90度垂直放置，從靠近自己的位置往外對折麵團。

6 接著將麵團轉一圈，並讓收口朝下。

7 將麵團表面整理成緊繃的稻草形狀，收口朝下放在灑好手粉的發酵布上。

為了避免麵團乾燥，按照順序蓋上發酵布→濕布。讓麵團在20〜25度的溫度下靜置20分鐘。

1 在麵團和揉麵板上灑手粉，將麵團收口朝上放在揉麵板上。把對面的1/3麵團折向正中央，並用手壓緊接合處。

2 把剛才翻折的麵團部分弄成緊繃的圓滾狀，像是把麵團往靠近自己的位置捲起一般地戳麵團。

3 重複剛才的步驟3～4次，感覺像做出麵包芯，讓麵團變成棒狀。最後壓牢麵團收口。

4 將麵團收口朝上放置，並用手指捏牢固定。在麵團上灑手粉，用雙手滾動麵團並拉成25cm左右的長度。

最後發酵	20～25度	20～30分鐘

這個時候為了防止發酵中的麵團「橫向塌陷」，會用發酵布製造皺褶從左右兩邊支撐麵團。這個步驟叫作「山字形摺疊法」。

＊在這個步驟把另一個烤盤放入烤箱，預熱250度。

5 在烤盤上鋪發酵布並灑上新粉（蓬萊米粉），將麵團收口朝下放置，用發酵布分隔麵團。

為了避免麵團乾燥，按照順序蓋上發酵布→濕布，讓麵團在20～25度的溫度下發酵20～30分鐘。麵團膨脹變大一圈後結束發酵。

烘烤

230度	7分鐘

↓

210度	4～5分鐘

1 將麵團輕輕地放上麵包移動板，移放到烘焙紙上。

2 在麵團表面灑上新粉（蓬萊米粉），用麵包移動板在麵團中央垂直壓1條線，用手指在要割下割紋的位置做記號。沿著中央線，等距離斜向做6個記號。像要連起每個記號，橫放割紋刀，以像在削麵團表面的方式劃下3～4刀割紋。

3 把麵團連同烘焙紙放上烤盤後，送入預熱好的烤箱，用噴霧器朝烤箱內部噴3～4次溫熱的水。關上烤箱門並暫時關掉電源等待7分鐘，接著用230度烤7分鐘，再用210度烤4～5分鐘，取出麵包後放在金屬網架上置涼。
＊割紋會因為暫時關掉烤箱電源，而開得更漂亮。

coupe
橄欖形法國麵包

想要自己做法國麵包的話，建議先從橄欖形法國麵包開始嘗試。
練習到可以讓橄欖形法國麵包開出漂亮的割紋時，
就可以往下個階段挑戰做棍子麵包。

[**材料**]（5個份）＊（ ）：烘焙百分比

高筋麵粉（江別製粉E65歐式麵包專用粉）

───────────────────────250g（100%）

鹽──────────────────────4g（1.6%）

蜂蜜─────────────────────5g（2%）

水──────────────────────125g（50%）

酵母原種───────────────────113g（45%）

手粉（高筋麵粉）・上新粉（蓬萊米粉）

───────────────────────皆適量

＊大調理盆＝直徑30cm不鏽鋼製
　中調理盆＝直徑21cm耐熱塑膠製
＊夏天時麵粉和水要冰鎮。

揉麵

1 將鹽、蜂蜜和水加入大調理盆，用迷你打蛋器攪拌至材料完全溶解。再加入酵母原種攪拌均勻。

2 將高筋麵粉加入中調理盆。

3 將步驟 **2** 一口氣加入步驟 **1** 中並用刮板快速攪拌，待材料成團後改用手攪拌並讓麵粉吸收水分。

4 麵團集中成團後，將麵團放到揉麵板上，搓揉麵團直到沒有殘粉。

5 將麵團表面滾成緊繃的圓球狀，捏緊固定麵團底部，收口朝下放入中調理盆（揉完麵的溫度約在20度左右），並蓋上保鮮膜。

基本發酵 | 25度 | 5個小時30分鐘～6個小時

↓

排氣

↓

25度 | 1.5～2個小時

↓

冷藏室 | 30分鐘

1 讓麵團在25度的溫度下發酵5個半～6個小時。當麵團膨脹到快到調理盆的1/2左右的高度（約小於2倍）時灑手粉，將刮板插入麵團四周，讓麵團剝離調理盆。

2 將調理盆倒扣在灑好手粉的揉麵板上並取出麵團，再一次將麵團表面滾成緊繃的圓球狀，收口朝下放入中調理盆。蓋上保鮮膜後，讓麵團在25度的溫度下發酵1.5～2個小時，當麵團膨脹到快到調理盆的2/3左右的高度（約小於2.5倍）時，就結束基本發酵。接著放入冷藏室中冷卻30分鐘。

分割麵團

1 在麵團上灑手粉，將刮板插入麵團四周，讓麵團剝離調理盆後，將調理盆倒扣在灑好手粉的揉麵板上並取出麵團。

2 在麵團上灑手粉，用刮板將麵團分割成5等分。分別測量麵團重量，並調整成每份100g左右。提起麵團對角線的兩角黏合（圖ⓐ），接著再捏緊固定另外兩角（圖ⓑ）。將麵團滾圓並讓收口朝下，放在灑好手粉的發酵布上（圖ⓒ），按照順序蓋上發酵布→濕布。

靜置鬆弛 | 20～25度 | 20分鐘

讓麵團在20～25度的溫度下靜置20分鐘。

整型

1 在揉麵板和麵團上灑手粉，將麵團收口朝上放到揉麵板上。用指尖輕敲麵團，讓麵團變大一圈（圖ⓓ）。將麵團從靠近自己的位置往外對折（圖ⓔ），捏緊固定接合處（圖ⓕ）。用手指將收口稍微戳向對面（圖ⓖ）。接著將麵團表面繃緊，捲往靠近自己的位置（圖ⓗ）。感覺像做出麵包芯，把麵團捲成柔軟的棒狀後，壓牢收口（圖ⓘ）。捏牢固定麵團收口（圖ⓙ），用雙手一邊滾動麵團，一邊整理成海參形狀（圖ⓚ）。

2 在烤盤上鋪發酵布並灑上新粉（蓬萊米粉），將麵團收口朝下放置，用發酵布分隔麵團。按照順序蓋上發酵布→濕布。

＊在這個步驟把另一個烤盤放入烤箱，預熱250度。

最後發酵 | 25度 | 40分鐘

讓麵團在25度的溫度下發酵40分鐘。麵團膨脹變大一圈後結束發酵。

烘烤 | 230度 | 5～7分鐘 → | 210度 | 5～6分鐘

1 用麵包移動板將麵團移放到烘焙紙上，在麵團表面灑上新粉（蓬萊米粉）。橫放割紋刀，以像在削麵團表面的方式，垂直劃下1刀割紋。

2 把麵團連同烘焙紙放上烤盤後，送入預熱好的烤箱，用噴霧器朝烤箱內部噴3～4次溫熱的水。關上烤箱門並暫時關掉電源等待7分鐘，接著用230度烤5～7分鐘，再用210度烤5～6分鐘，取出麵包後放在金屬網架上置涼。

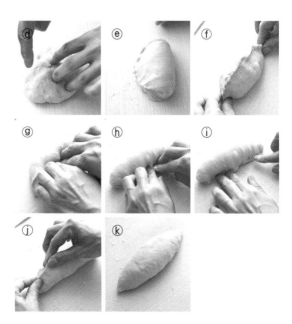

epi lard et fromage

麥穗麵包 培根&起司

把代表「麥穗」意思的麥穗麵包，整型成細長狀麵團之後，
用剪刀深剪出切口後再往左右打開，就會變成麥穗形狀。
這次在麵團中捲入很適合法式麵包麵團的培根，
再配上起司後，光灑上粗磨黑胡椒就很美味。

[材料]（3條份）＊（ ）：烘焙百分比

高筋麵粉（江別製粉E65歐式麵包專用粉）……	250g（100%）
鹽……	5g（2%）
蜂蜜……	5g（2%）
水……	120g（48%）
酵母原種……	113g（45%）
培根……	3片
乳酪絲……	90g
手粉（高筋麵粉）・上新粉（蓬萊米粉）……	皆適量

＊大調理盆＝直徑30cm不鏽鋼製
　中調理盆＝直徑21cm耐熱塑膠製
＊夏天時麵粉和水要冰鎮。

揉麵

1 將鹽、蜂蜜和水加入大調理盆，用迷你打蛋器攪拌至材料完全溶解。再加入酵母原種攪拌均勻。

2 將高筋麵粉加入中調理盆。

3 將步驟 2 一口氣加入步驟 1 中並用刮板快速攪拌，待材料成團後改用手攪拌並讓麵粉吸收水分。

4 麵團集中成團後，將麵團放到揉麵板上，搓揉麵團直到沒有殘粉。

5 將麵團表面滾成緊繃的圓球狀，捏緊固定麵團底部，收口朝下放入中調理盆（揉完麵的溫度約20度），並蓋上保鮮膜。

基本發酵 25度 5～6個小時
↓
排氣
↓
25度 1個小時30分鐘～2個小時
↓
冷藏室 30分鐘

1 讓麵團在25度的溫度下發酵5～6個小時。當麵團膨脹到快到調理盆的1/2左右的高度（約小於2倍）時灑手粉，將刮板插入麵團四周，讓麵團剝離調理盆。

2 將調理盆倒扣在灑好手粉的揉麵板上並取出麵團，再一次將麵團表面滾成緊繃的圓球狀，收口朝下放入中調理盆。蓋上保鮮膜後，讓麵團在25度的溫度下發酵1個半～2個小時，當麵團膨脹到快到調理盆的2/3左右的高度（約小於2.5倍）時，就結束基本發酵。接著放入冷藏室中冷卻30分鐘。

分割麵團

1 在麵團上灑手粉，將刮板插入麵團四周，讓麵團剝離調理盆後，將調理盆倒扣在灑好手粉的揉麵板上並取出麵團。

2 在麵團表面灑手粉，用刮板依放射狀將麵團分割成3等分，測量麵團重量，並調整成每份165g左右。

3 將麵團表面重新滾成緊繃的圓球狀，收口朝下放在灑好手粉的發酵布上，按照順序蓋上發酵布→濕布。

靜置鬆弛 20～25度 20分鐘

讓麵團在20～25度的溫度下靜置20分鐘。

整型

1 在揉麵板和麵團上灑手粉，將麵團收口朝上放在揉麵板上，用擀麵棍配合培根的長度將麵團擀成橫長條。在每塊麵團的中央各放上1片培根，再往上方均勻地放上起司（圖ⓐ）。用手將麵團往靠近自己的位置邊拉邊捲緊（圖ⓑ）。捏緊固定收口後，在麵團上灑滿上新粉（蓬萊米粉）。

2 在烤盤上鋪發酵布並灑上新粉（蓬萊米粉），將麵團收口朝下放置，用發酵布分隔麵團。按照順序蓋上發酵布→濕布。

＊在這個步驟把另一個烤盤放入烤箱，預熱250度。

最後發酵 25度 40分鐘

讓麵團在25度的溫度下發酵40分鐘。麵團膨脹變大一圈後結束發酵。

烘烤 220～230度 13～15分鐘

1 用麵包移動板將麵團移放到烘焙紙上。斜擺剪刀並深剪5～6刀，將切口往左右交錯翻開（圖ⓒ）。

2 把麵團連同烘焙紙放上烤盤後，送入預熱好的烤箱，用噴霧器朝烤箱內部噴3～4次溫熱的水。用220～230度烤13～15分鐘，取出麵包後放在金屬網架上置涼。

ⓐ　ⓑ　ⓒ

fougasse lard et curry
葉子麵包　培根&咖哩

用力割出葉脈形狀後烤成葉形麵包。
在培根上塗滿咖哩粉，就能提升麵包的風味和美味。
烤麵包前塗上橄欖油就能輕鬆撕開麵包。

[材料]（2片份）＊（　）：烘焙百分比

高筋麵粉（春豐高筋麵粉）	225g（90%）
高筋麵粉（江別製粉E65歐式麵包專用粉）	15g（6%）
黑麥全麥麵粉（粗磨）	10g（4%）
鹽	4g（1.6%）
水	105g（42%）
酵母原種	113g（45%）
培根	70g
咖哩粉	4g
橄欖油（塗抹用）	適量
手粉（高筋麵粉）	適量

＊大調理盆＝直徑30cm不鏽鋼製
　中調理盆＝直徑21cm耐熱塑膠製
＊夏天時麵粉和水要冰鎮。

[準備]

· 先將培根切成1cm寬，並塗滿咖哩粉。

揉麵　*用日本KNEADER揉麵機需要揉5～6分鐘

1 將鹽和水加入大調理盆中攪拌，再加入酵母原種並用迷你打蛋器攪拌均勻。

2 將高筋麵粉、黑麥全麥麵粉加入中調理盆，用刮板稍微攪拌。

3 將步驟 2 一口氣加入步驟 1 中並用刮板快速攪拌，待材料成團後改用手攪拌並讓麵粉吸收水分。

4 麵團集中成團後，將麵團放到揉麵板上，搓揉麵團直到沒有殘粉。

5 將麵團表面滾成緊繃的圓球狀，捏緊固定麵團底部，收口朝下放入中調理盆（揉完麵的溫度約20度），並蓋上保鮮膜。

基本發酵　25度　4個小時30分鐘～5個小時

↓

排氣

↓

25度　1.5～2個小時

↓

冷藏室　30分鐘

1 讓麵團在25度的溫度下發酵4個半～5個小時。當麵團膨脹到快到調理盆的1/2左右的高度（約小於2倍）時灑手粉，將刮板插入麵團四周，讓麵團剝離調理盆。

2 將調理盆倒扣在灑好手粉的揉麵板上並取出麵團，再一次將麵團表面滾成緊繃的圓球狀，收口朝下放入中調理盆。蓋上保鮮膜後，讓麵團在25度的溫度下發酵1.5～2個小時，當麵團膨脹到快到調理盆的2/3左右的高度（約小於2.5倍）時，就結束基本發酵。接著放入冷藏室中冷卻30分鐘。

分割麵團

1 在麵團上灑手粉，將刮板插入麵團四周，讓麵團剝離調理盆後，將調理盆倒扣在灑好手粉的揉麵板上並取出麵團。

2 在麵團表面灑手粉後，將麵團分割成2等分。測量麵團重量，並調整成每份235g左右。

3 將麵團表面重新滾成緊繃的圓球狀，收口朝下放在揉麵板上，按照順序蓋上發酵布→濕布。

靜置鬆弛　20～25度　20分鐘

讓麵團在20～25度的溫度下靜置20分鐘。

整型

1 在揉麵板和麵團上灑手粉，將麵團收口朝上放到揉麵板上。用擀麵棍將麵團擀成直徑21cm的圓形（圖ⓐ）。

2 在麵團上半部鋪上準備好的培根後，對折麵團（圖ⓑ）。用手指輕敲按壓麵團的接合處，翻折麵團並牢牢固定（圖ⓒ）。

3 將麵團翻面並分別放在2張剪成比麵團稍大一圈的長方形烘焙紙上，並將麵團整理成葉片形狀（圖ⓓ）。用刮板以像在劃葉脈的方式切下割紋。用力切到麵團下方，並拉開切口（圖ⓔ）。

4 將麵團連同烘焙紙放到烤盤上（圖ⓕ）。

最後發酵　25度　50分鐘～1個小時

讓麵團在25度的溫度下發酵50分鐘～1個小時。麵團膨脹變大一圈後結束發酵（圖ⓖ）。

*在這個步驟將烤箱預熱220～230度。

烘烤　200度　15～17分鐘

1 在麵團表面用刷子塗上橄欖油（圖ⓗ）。

2 將麵團送入預熱好的烤箱，用200度烤15～17分鐘。取出麵包後放在金屬網架上，在麵包表面塗抹橄欖油後置涼。

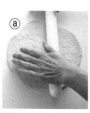 

castagnette aux cassis secs et aux orangettes

黑醋栗柳橙
響板麵包

響板造型的可愛點心麵包。
我從愛喝的雞尾酒中得到靈感，
組合黑醋栗和橙皮後做出了這款麵包。
此外，我也推薦蘭姆葡萄乾和堅果的組合。

[材料]（5個份）＊（ ）：烘焙百分比

高筋麵粉（江別製粉E65歐式麵包專用粉）⋯⋯⋯250g（100%）

鹽 ⋯⋯⋯⋯⋯⋯⋯⋯⋯⋯⋯⋯⋯⋯⋯⋯⋯⋯⋯⋯3g（1.2%）

蜂蜜 ⋯⋯⋯⋯⋯⋯⋯⋯⋯⋯⋯⋯⋯⋯⋯⋯⋯⋯⋯⋯5g（2%）

水 ⋯⋯⋯⋯⋯⋯⋯⋯⋯⋯⋯⋯⋯⋯⋯⋯⋯⋯⋯120g（48%）

酵母原種 ⋯⋯⋯⋯⋯⋯⋯⋯⋯⋯⋯⋯⋯⋯⋯113g（45%）

黑醋栗乾 ⋯⋯⋯⋯⋯⋯⋯⋯⋯⋯⋯⋯⋯⋯⋯⋯38g（15%）

橙皮（條狀）⋯⋯⋯⋯⋯⋯⋯⋯⋯⋯⋯⋯⋯⋯⋯13g（5%）

手粉（高筋麵粉）・上新粉（蓬萊米粉）⋯⋯⋯皆適量

＊大調理盆＝直徑30cm不鏽鋼製
　中調理盆＝直徑21cm耐熱塑膠製
＊夏天時麵粉和水要冰鎮。

[準備]

• 將黑醋栗乾浸泡溫水10分鐘後擦乾水分。輕輕地清洗橙皮後切成3〜5mm寬。混合以上兩種材料。

揉麵

1　將鹽、蜂蜜和水加入大調理盆，用迷你打蛋器攪拌至材料完全溶解。再加入酵母原種攪拌均勻。

2　將高筋麵粉加入中調理盆。

3　將步驟 2 一口氣加入步驟 1 中並用刮板快速攪拌，待材料成團後改用手攪拌並讓麵團吸收水分。

4　麵團集中成團後，將麵團放到揉麵板上，搓揉麵團直到沒有殘粉。

5　將準備好的水果乾按照P.39的 揉麵 步驟 4 的要領加入麵團中，用相同方式製作（揉完麵的溫度約20度）。

基本發酵　25度　5〜6個小時
↓
排氣
↓
25度　1個小時30分鐘〜2個小時
↓
冷藏室　30分鐘

1　讓麵團在25度的溫度下發酵5〜6個小時。當麵團膨脹到快到調理盆的1/2左右的高度（約小於2倍）時灑手粉，將刮板插入麵團四周，讓麵團剝離調理盆。

2　將調理盆倒扣在灑好手粉的揉麵板上並取出麵團，再一次將麵團表面滾成緊繃的圓球狀，收口朝下放入中調理盆。蓋上保鮮膜後，讓麵團在25度的溫度下發酵1個半〜2個小時，當麵團膨脹到快到調理盆的2/3左右的高度（約小於2.5倍）時，就結束基本發酵。接著放入冷藏室中冷卻30分鐘。

分割麵團

1　在麵團上灑手粉，將刮板插入麵團四周，讓麵團剝離調理盆後，將調理盆倒扣在灑好手粉的揉麵板上並取出麵團。

2　在麵團上灑手粉，用刮板依放射狀將麵團分割成5等分，分別測量麵團重量，並調整成每份110g左右。

3　將麵團重新滾成緊繃的圓球狀，收口朝下放在灑好手粉的發酵布上，按照順序蓋上發酵布→濕布。

靜置鬆弛　20〜25度　20分鐘

讓麵團在20〜25度的溫度下靜置20分鐘。

整型

1　輕輕地將麵團表面重新滾成緊繃的圓球狀，捏緊固定麵團底部（圖ⓐ）。將麵團收口朝下放置，在麵團表面灑手粉，再用細擀麵棍（或是偏粗的長筷）將麵團中央擀成扁平狀（圖ⓑ）。提起麵團兩端轉一圈，接著再次轉一圈（圖ⓒ）。

2　在烤盤上舖發酵布並灑上新粉（蓬萊米粉），放上麵團後用發酵布分隔麵團。按照順序蓋上發酵布→濕布。

＊在這個步驟把另一個烤盤放入烤箱，預熱250度。

最後發酵　25度　40分鐘

讓麵團在25度的溫度下發酵40分鐘。麵團膨脹變大一圈後結束發酵。

烘烤　230度　7分鐘　➡　210度　5分鐘

1　用麵包移動板將麵團移放到烘焙紙上，在麵團表面灑上新粉（蓬萊米粉）。

2　把麵團連同烘焙紙放上烤盤後，送入預熱好的烤箱，用噴霧器朝烤箱內部噴3〜4次溫熱的水。關上烤箱門並暫時關掉電源等待7分鐘，接著用230度烤7分鐘，再用210度烤5分鐘，取出麵包後放在金屬網架上置涼。

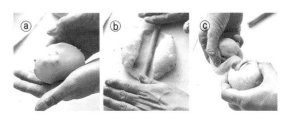
ⓐ　ⓑ　ⓒ

Rustique

Rustique的意思是「切下來的」，

不需要整型，切下麵團後直接照原樣烤成麵包。

本章中使用花費大量時間的「冷藏發酵法」。

發揮出麵粉中濕潤、Q彈的口感與美味的最佳風味。

rustique

農家麵包

農家麵包的配方中含有較多的水分，
所以製作麵團時不須揉麵，而是要經過3次排氣。
和最佳組合—拌了鹽的橄欖油或奶油一起享用。
在麵包裡夾火腿或芝麻菜也很美味。

[材料]（4個份）＊（ ）：烘焙百分比

高筋麵粉（春豐100%高筋麵粉）……150g（60%）	蜂蜜……5g（2%）
高筋麵粉（江別製粉E65歐式麵包專用粉）…87g（35%）	水……150g（60%）
春豐石臼研磨全麥麵粉……13g（5%）	酵母原種……113g（45%）
鹽（現磨鹽／細顆粒）……4g（1.6%）	手粉（高筋麵粉）・上新粉（蓬萊米粉）…皆適量

＊調理盆①②＝直徑19cm耐熱塑膠製
＊夏天時麵粉和水要冰鎮。

揉麵

1 按照順序測量鹽、蜂蜜和水並加入調理盆①，用迷你打蛋器攪拌至材料完全溶解。再加入酵母原種攪拌均勻。

2 按照順序測量高筋麵粉和全麥麵粉並加入調理盆②，用刮刀稍微攪拌後，將步驟**1**整個加進來。用刮刀快速攪拌所有材料。

3 攪拌麵粉直到沒有殘粉，將麵團平鋪放入22cm×15cm左右的容器中，並蓋上蓋子。

基本發酵 | 25度 | 1個小時

1 讓麵團在25度的溫度下發酵1個小時，在麵團表面灑手粉。

2 將刮板插入麵團的四邊，讓麵團剝離容器，將容器倒扣在灑好手粉的揉麵板上，使麵團自然脫落。

3 在手上沾手粉，邊輕壓麵團邊將麵團拉成長方形。

4 提起左側麵團，用拉扯麵團的方式往中央折疊。用相同方式折疊右側麵團（形成3折）。

5 提起靠近自己的位置的麵團，用拉扯麵團的方式往中央折疊。接著再次將靠近自己的位置的麵團，用拉扯麵團的方式折疊麵團（形成3折），收口朝下並整理麵團。

25度	1個小時

排氣	25度	2個小時

冷藏室	12～18個小時

25度	1個小時

6 把麵團放回容器中並蓋上蓋子，讓麵團在25度的溫度下發酵1個小時。

7 當麵團膨脹變大一圈後，用和步驟**2**～**5**相同的方式將麵團排氣。把麵團放回容器中並蓋上蓋子，讓麵團在25度的溫度下發酵2個小時。

8 等麵團膨脹到約2倍大，出現氣泡的狀態就OK。蓋上蓋子後，放入冷藏室（5～7度），讓麵團發酵12～18個小時。

9 將麵團從冷藏室中取出，並在25度的溫度下靜置1個小時。麵團會膨脹變大一圈。

10 將刮板插入麵團的四邊，讓麵團剝離容器，將容器倒扣在灑好手粉的揉麵板上，使麵團自然脫落。

11 在手上沾手粉，將麵團整理成長方形。

12 提起左側麵團，像是要把空氣包進麵團中，不拉扯麵團並輕柔地折疊到中央。右側麵團也用相同方式折疊（形成3折）。

25度 | 1個小時30分鐘

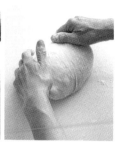

13 提起靠近自己的位置的麵團，以像要把空氣包進麵團的方式，將麵團輕柔地往中央折疊。再次提起靠近自己的位置的麵團，以像要把空氣包進麵團的方式往中央折疊（形成3折），維持收口朝下並整理麵團。

14 把麵團放回容器中並蓋上蓋子，讓麵團在25度的溫度下發酵1個半小時。

15 當麵團膨脹到2倍大，出現氣泡後就結束發酵。將刮板插入麵團的四邊，讓麵團剝離容器，將容器倒扣在灑好上新粉（蓬萊米粉）的發酵布上，使麵團自然脫落。用和步驟 **12** 相同的方式將麵團折成3折，收口朝下並整理形狀。

＊在這個步驟把烤盤放入烤箱，預熱250度。

靜置鬆弛 | 20～25度 | 10分鐘　　　　**整型**

將麵團包在灑好上新粉（蓬萊米粉）的發酵布裡面，讓麵團在20～25度的溫度下靜置10分鐘。

1 在麵團上灑上新粉（蓬萊米粉），用刮板垂直→水平分割成4等分。

2 在烤盤上另外鋪上1塊發酵布並灑上新粉（蓬萊米粉），將刮板插入麵團折疊處並移動麵團。

3 用發酵布分隔麵團。

＊為了防止發酵中的麵團「橫向塌陷」，會用發酵布製造皺褶從左右兩邊支撐麵團。

最後發酵 | 20～25度 | 15～30分鐘　　　**烘烤**

按照順序蓋上發酵布→濕布，讓麵團在20～25度的溫度下發酵15～30分鐘。麵團膨脹變大一圈後結束發酵。

1 將刮板插入麵團折疊處，移放到烘焙紙上。

2 在麵團表面灑上新粉（蓬萊米粉），橫放割紋刀，以像在削麵團表面的方式，垂直劃下1刀割紋。

230度	5分鐘
↓	
210度	5～7分鐘

3 把麵團連同烘焙紙放上烤盤後，送入預熱好的烤箱，用噴霧器朝烤箱內部噴3～4次溫熱的水。關上烤箱門並暫時關掉電源等待7分鐘，接著按照上記時間進行烘烤，取出麵包後放在金屬網架上置涼。

＊割紋會因為暫時關掉烤箱電源，而開得更漂亮。

農家麵包 墨魚汁&高達起司

rustique encre de siche et gouda

本款麵包中使用了某間麵包店師傅告訴我的墨魚汁粉，
做出了黑漆漆又吸睛的農家麵包。
沒有固定的顏色分配，很適合搭配香氣濃郁的起司。

[材料]（4個份）＊（ ）：烘焙百分比

高筋麵粉（江別製粉E65歐式麵包專用粉）……	250g	（100%）
墨魚汁粉………………………………………………………	6g	（2.4%）
鹽………………………………………………………………………	3g	（1.2%）
蜂蜜……………………………………………………………………	5g	（2%）
水………………………………………………………………………	150g	（60%）
酵母原種…………………………………………………………	113g	（45%）
高達起司…………………………………………………………	75g	（30%）
手粉（高筋麵粉）・上新粉（蓬萊米粉）……	皆適量	

＊調理盆①②＝直徑19cm耐熱塑膠製
＊夏天時麵粉和水要冰鎮。

[準備]

・將高達起司切成5mm的丁狀。

揉麵

1　將鹽、蜂蜜和水加入調理盆①，用迷你打蛋器攪拌至材料完全溶解。再加入酵母原種攪拌均勻。

2　將高筋麵粉和墨魚汁粉加入調理盆②，用刮刀稍微攪拌。將步驟 1 整個加進來，並用刮刀快速攪拌。

3　攪拌到沒有殘粉之後，將麵團平鋪放入22cm×15cm左右的容器中，並蓋上蓋子。

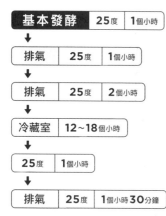

基本發酵	25度	1個小時

↓

排氣	25度	1個小時

↓

排氣	25度	2個小時

↓

冷藏室	12～18個小時

↓

25度	1個小時

↓

排氣	25度	1個小時30分鐘

1 讓麵團在25度的溫度下發酵1個小時後，在麵團表面灑手粉。將刮板插入麵團的四邊，讓麵團剝離容器，將容器倒扣在灑好手粉的揉麵板上，使麵團自然脫落。

2 在手上沾手粉，邊輕壓麵團邊將麵團拉成長方形。

3 提起左側麵團，用拉扯麵團的方式往中央折疊。右側麵團也用相同方式折疊（形成3折）。

4 提起靠近自己的位置的麵團，用拉扯麵團的方式往中央折疊。接著再次提起靠近自己的位置的麵團，用拉扯麵團的方式往中央折疊（形成3折），維持收口朝下並整理麵團。

5 把麵團放回容器中並蓋上蓋子，讓麵團在25度的溫度下發酵1個小時。

6 等麵團膨脹變大一圈後，用和步驟 **2**～步驟 **4** 相同的方式將麵團排氣。把麵團放回容器中並蓋上蓋子，讓麵團在25度的溫度下發酵2個小時。

7 等麵團膨脹到2倍大，出現氣泡的狀態就OK。蓋上蓋子後，放入冷藏室（5～7度），讓麵團發酵12～18個小時。

8 將麵團從冷藏室中取出並在25℃下靜置1個小時。

9 將刮板插入麵團的四邊，讓麵團剝離容器，將容器倒扣在灑好手粉的揉麵板上，使麵團自然脫落。在手上沾手粉，輕壓麵團並整理形狀（排氣）。

10 提起左側麵團，以像要把空氣包進麵團的方式，但不拉扯麵團輕柔地往中央折疊。右側麵團也用相同方式折疊（形成3折）。

11 提起靠近自己的位置的麵團，以像要把空氣包進麵團的方式，輕柔地往中央折疊。接著再次將靠近自己的位置的麵團，以像要把空氣包進麵團的方式折疊（形成3折），維持收口朝下並整理麵團。

12 把麵團放回容器中並蓋上蓋子，讓麵團在25度的溫度下發酵1個半小時。

＊在這個步驟把另一個烤盤放入烤箱，預熱250度。

13 當麵團膨脹到2倍大，出現氣泡後就結束發酵。在麵團上灑手粉，將刮板插入麵團的四邊，讓麵團剝離容器，將容器倒扣在灑好上新粉（蓬萊米粉）的發酵布上並取出麵團。

14 將麵團滾圓，在麵團表面均勻地放上一半的高達起司（圖ⓐ），從左到右折疊1/3的麵團（圖ⓑ），在上方放上剩下的一半起司。接著再從右到左折疊1/3的麵團（圖ⓒ），在上方放上剩下的所有起司（圖ⓓ）。將對面1/3的麵團往靠近自己的位置折疊（圖ⓔ），從靠近自己的位置往外折疊1/3的麵團形成3折（圖ⓕ），維持相同方向往對面捲一圈，並讓收口朝下（圖ⓖ）。按照順序蓋上發酵布→濕布。

靜置鬆弛	20～25度	10分鐘

讓麵團在20～25度的溫度下靜置10分鐘。

整型

1 在麵團上灑上新粉（蓬萊米粉），用刮板垂直→水平分割成4等分。

2 在烤盤上鋪發酵布並灑上新粉（蓬萊米粉），將刮板插入麵團折疊處放到發酵布後，用發酵布分隔麵團。按照順序蓋上發酵布→濕布。

最後發酵	20～25度	30分鐘

讓麵團在20～25度的溫度下發酵30分鐘。麵團膨脹變大一圈後結束發酵。

烘烤	230度	7分鐘	➡	210度	5～7分鐘

1 用刮板將麵團放到烘焙紙上，在麵團表面灑上新粉（蓬萊米粉）。橫放割紋刀，以像在削麵團表面的方式，垂直劃下1刀割紋。

2 把麵團連同烘焙紙放上烤盤後，送入預熱好的烤箱，用噴霧器朝烤箱內部噴3～4次溫熱的水。關上烤箱門並暫時關掉電源等待7分鐘，接著用230度烤7分鐘，再用210度烤5～7分鐘，取出後置涼。

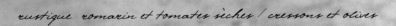

rustique romarin et tomates séchées / cressons et olives

農家麵包
迷迭香&番茄乾、西洋菜&橄欖

以義式料理印象想出的流行組合。
重點在於攪拌配料時不要排出麵團的空氣，
而是邊折疊麵團邊混入配料。

迷迭香&番茄乾

[材料]（4個份）＊（　）：烘焙百分比

材料	重量	百分比
高筋麵粉（江別製粉E65歐式麵包專用粉）	237g	（95%）
黑麥全麥麵粉（石臼研磨）	13g	（5%）
鹽	3g	（1.2%）
蜂蜜	5g	（2%）
水	145g	（58%）
酵母原種	113g	（45%）
生迷迭香	3g	（1.2%）
番茄乾（油漬）	50g	（20%）
帕馬森起司	20g	（8%）
手粉（高筋麵粉）・上新粉（蓬萊米粉）	皆適量	

＊調理盆①②＝直徑19cm耐熱塑膠製
＊夏天時麵粉和水要冰鎮。

[準備]

・擦掉番茄乾上的油，並切成5mm的丁狀。磨碎起司。

揉麵

1 將鹽、蜂蜜和水加入調理盆①，用迷你打蛋器攪拌至材料完全溶解。再加入酵母原種攪拌均勻。

2 將高筋麵粉、黑麥全麥麵粉加入調理盆②，用刮刀稍微攪拌。將步驟 **1** 整個加進來，用刮刀攪拌均勻。

3 攪拌到沒有殘粉之後，將麵團平鋪放入22cm×15cm左右的容器中，並蓋上蓋子。

基本發酵	25度	1個小時

↓

排氣	25度	1個小時

↓

排氣	25度	2個小時

↓

冷藏室	12~18個小時

↓

25度	1個小時

↓

排氣	25度	1個小時30分鐘

1 製作方法和P.61的 **基本發酵** 步驟 **1** ～步驟 **15** 相同。

＊在這個步驟把另一個烤盤放入烤箱，預熱250度。

2 將迷迭香、番茄乾和起司按照P.65的 **基本發酵** 步驟 **14** 的要領加入麵團並整理（圖ⓐ），按照順序蓋上發酵布→濕布。

靜置鬆弛	20~25度	10分鐘

讓麵團在20~25度的溫度下靜置10分鐘。

整型

1 在麵團上灑上新粉（蓬萊米粉），用刮板垂直→水平分割成4等分。

2 在烤盤上鋪發酵布並灑上新粉（蓬萊米粉），將刮板插入麵團折疊處放到發酵布後，用發酵布分隔麵團。按照順序蓋上發酵布→濕布。

最後發酵	20~25度	30分鐘

讓麵團在20~25度的溫度下發酵30分鐘。麵團膨脹變大一圈後結束發酵。

烘烤	230度	7分鐘	→	210度	5~7分鐘

1 用刮板將麵團放到烘焙紙上，在麵團表面灑上新粉（蓬萊米粉）。橫放割紋刀，以像在削麵團表面的方式，垂直劃下1刀割紋。

2 把麵團連同烘焙紙放上烤盤後，送入預熱好的烤箱，用噴霧器朝烤箱內部噴3~4次溫熱的水。關上烤箱門並暫時關掉電源等待7分鐘，接著用230度烤7分鐘，再用210度烤5~7分鐘，取出麵包後放在金屬網架上置涼。

西洋菜&橄欖口味

將38g的西洋菜葉的部分切成3cm長，黑・綠橄欖（不含籽）各38g切成5mm寬（圖ⓑ）。將這幾種材料用和迷迭香&番茄乾口味相同的方式混入麵團。

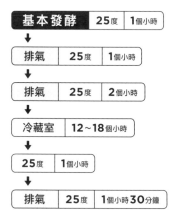
ⓐ

ⓑ

rustique pétales de cerisiers et haricots rouges

農家麵包
櫻花&大納言紅豆

紅豆麵包中常見的鹽漬櫻花與紅豆的組合。
這次使用沒有裹砂糖的甘納豆（糖漬蜜紅豆），
更進一步襯托出櫻花的風味。

chocolat, cerise sec et macadamia

巧克力&櫻桃&
夏威夷豆

*chocolat blanc et 3
fruits rouges secs*

白巧克力&
三種莓果

櫻花&大納言紅豆

[材料]（4個份）＊（　）：烘焙百分比

高筋麵粉（江別製粉E65歐式麵包專用粉）……225g（90%）
春豐石臼研磨全麥麵粉……25g（10%）
鹽……3g（1.2%）
蜂蜜……5g（2%）
水……145g（58%）
酵母原種……113g（45%）
大納言紅豆（糖漬蜜紅豆）……60g（24%）
鹽漬櫻花……13g（5%）
手粉（高筋麵粉）・上新粉（蓬萊米粉）……皆適量

＊調理盆①②＝直徑19cm耐熱塑膠製

[準備]
・將鹽漬櫻花浸泡溫水去除鹽分後，擦乾水分。
・夏天時麵粉和水要冰鎮。

揉麵

1　將鹽、蜂蜜和水加入調理盆①，用迷你打蛋器攪拌至材料完全溶解。再加入酵母原種攪拌均勻。

2　將高筋麵粉、全麥麵粉加入調理盆②，用刮刀稍微攪拌。將步驟 1 整個加進來，用刮刀攪拌均勻。

3　攪拌到沒有殘粉之後，將麵團放入22cm×15cm左右的容器中鋪平，並蓋上蓋子。

基本發酵	25度	1個小時

↓

排氣	25度	1個小時

↓

排氣	25度	2個小時

↓

冷藏室	12～18個小時

↓

25度	1個小時

↓

排氣	25度	1個小時30分鐘

1　製作方法和P.61的 **基本發酵** 步驟 1～15 相同。

＊在這個步驟把另一個烤盤放入烤箱，預熱250度。

2　將大納言紅豆和鹽漬櫻花按照P.65的 **基本發酵** 步驟 14 的要領加入麵團並整理（圖），按照順序蓋上發酵布→濕布。

靜置鬆弛	20～25度	10分鐘

讓麵團在20～25度的溫度下靜置10分鐘。

整型

1　在麵團上灑上新粉（蓬萊米粉），用刮板垂直→水平分割成4等分。

2　在烤盤上鋪發酵布並灑上新粉（蓬萊米粉），將刮板插入麵團折疊處放到發酵布後，用發酵布分隔麵團。按照順序蓋上發酵布→濕布。

最後發酵	20～25度	30分鐘

讓麵團在20～25度的溫度下發酵30分鐘。麵團膨脹變大一圈後結束發酵。

烘烤	230度	7分鐘	➜	210度	5～7分鐘

1　用刮板將麵團放到烘焙紙上，在麵團表面灑上新粉（蓬萊米粉）。橫放割紋刀，以像在削麵團表面的方式，垂直劃下1刀割紋。

2　把麵團連同烘焙紙放上烤盤後，送入預熱好的烤箱，用噴霧器朝烤箱內部噴3～4次溫熱的水。關上烤箱門並暫時關掉電源等待7分鐘，接著用230度烤7分鐘，再用210度烤5～7分鐘，取出麵包後放在金屬網架上置涼。

巧克力&櫻桃&夏威夷豆

麵團＝高筋麵粉（江別製粉E65歐式麵包專用粉）237g、黑麥全麥麵粉（石臼研磨）13g、鹽3g、蜂蜜5g、冷開水145g、酵母原種113g。配料＝將50g的烘焙用巧克力（法芙娜巧克力棒／耐烤）折成1cm長，38g的生夏威夷豆放入烤箱用150度烤10分鐘，再大略切碎。另外還要準備25g櫻桃乾。做法基本上相同，以櫻花&大納言紅豆麵包相同的方式將配料混入麵團（圖ⓐ）。

白巧克力&三種莓果

麵團＝高筋麵粉（江別製粉E65歐式麵包專用粉）250g、覆盆子粉6g、鹽3g、蜂蜜5g、冷開水150g、酵母原種113g。配料＝將25g的烘焙用白巧克力（法芙娜伊芙兒白巧克力鈕扣），用手折成4等分。將38g蔓越莓乾、38g藍莓乾浸泡溫水10分鐘後擦乾水分。做法基本上相同，以櫻花&大納言紅豆麵包相同的方式將配料混入麵團（圖ⓑ）。

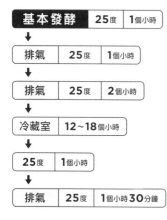

ⓐ　　ⓑ

麵包教室裡的
人氣趣味麵包

用自製天然酵母來製作像披薩和佛卡夏等鹹麵包，
或是紅豆麵包、甜甜圈等融於口中的甜麵包，
風味及口感都會更加美味。
成立教室超過10年，
本章要介紹大受學生們歡迎的麵包食譜。

pizza
披薩

這是平常我在家中常吃的披薩，
為了家人試做無數次後誕生的食譜。
麵包外側酥脆有嚼勁，放配料的地方很Q彈。
我認為與鬆軟的披薩麵包不一樣，是前所未有的口感。

[材料]（1個直徑28cm披薩份量）＊（　）：烘焙百分比

高筋麵粉（春豐高筋麵粉）	200g（80%）
低筋麵粉（多路秋DOLCE低筋麵粉）	50g（20%）
鹽	3g（1%）
蔗糖	4g（1.5%）
水	75g（30%）
酵母原種	113g（45%）
橄欖油（塗抹用）	適量
手粉（高筋麵粉）	適量

番茄醬・洋蔥・高糖度水果番茄・生羅勒・
莫札瑞拉起司（布拉塔起司）・乳酪絲
　　　　　　　　　　　　　　皆適量

＊大調理盆＝直徑30cm不鏽鋼製
　中調理盆＝直徑21cm耐熱塑膠製

[準備]

・將洋蔥和水果番茄切成薄片，撕碎生羅勒。

揉麵　＊用日本KNEADER揉麵機需要揉10～11分鐘

1　將高筋麵粉和低筋麵粉加入大調理盆，用刮板稍微攪拌。

2　將鹽、蔗糖、水和酵母原種加入中調理盆，用迷你打蛋器攪拌均勻。

3　將步驟 **2** 一口氣加入步驟 **1** 中，用刮板快速攪拌。待材料成團後，改用手攪拌並讓麵粉吸收水分。

4　麵團集中成團後，將麵團放到揉麵板上，搓揉麵團直到沒有殘粉。表面稍微有點粗糙感的程度就OK。

5　將麵團表面滾成緊繃的圓球狀，捏緊固定麵團底部，收口朝下放入中調理盆並蓋上保鮮膜。

基本發酵　27～28度　5～6個小時

讓麵團在27～28的溫度下發酵5～6個小時。當麵團膨脹到超過調理盆的1/2左右的高度（約超過2倍）時，就結束基本發酵。

分割麵團

1　在麵團上灑手粉，將刮板插入麵團四周，讓麵團剝離調理盆後，將調理盆倒扣在揉麵板上並取出麵團。

2　將麵團重新滾成鬆軟的圓球狀，收口朝下放置（不分割），並蓋上濕布。

靜置鬆弛　20～25度　20～30分鐘

讓麵團在20～25度的溫度下靜置20～30分鐘。

整型

1　將麵團收口朝下放置，用擀麵棍將麵團擀成直徑28cm的圓形（圖ⓐ）。

2　在烤盤上鋪烘焙紙並放置麵團，在麵團表面用刷子塗上橄欖油後蓋上保鮮膜（圖ⓑ）。

最後發酵　27～28度　50分鐘

讓麵團在27～28度的溫度下發酵50分鐘。當麵團的厚度膨脹成2倍大時就OK。

＊將烤箱預熱250度。

烘烤　220～230度　10分鐘

1　用叉子在麵團表面戳洞，在整體麵團塗抹番茄醬。按照順序放上洋蔥、番茄、羅勒、莫札瑞拉起司和乳酪絲。

2　將麵團放入預熱好的烤箱，用220～230度烤10分鐘。

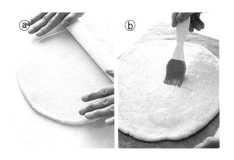

plain focaccia

原味佛卡夏

只塗了橄欖油、灑上粗鹽的義式麵包。
我使用一種帶有鮮味且溫和的粗鹽—「馬爾頓天然海鹽」，
可以享受麵包的酥脆口感與鹽味點綴。
在麵包裡夾生火腿、起司和芝麻菜也很好吃。

[材料]（3個份）＊（ ）：烘焙百分比

高筋麵粉（春豐高筋麵粉）	235g（94%）
高筋麵粉（江別製粉E65歐式麵包專用粉）	15g（6%）
鹽	4g（1.6%）
蔗糖	5g（2%）
牛奶	38g（15%）
水	80g（32%）
橄欖油	20g（8%）
酵母原種	113g（45%）
橄欖油（塗抹用）	適量
粗鹽	適量
手粉（高筋麵粉）	適量

＊大調理盆＝直徑30cm不鏽鋼製
　中調理盆＝直徑21cm耐熱塑膠製

揉麵　＊用日本KNEADER揉麵機需要揉8分鐘

1　將高筋麵粉加入大調理盆，用刮板稍微攪拌。

2　將鹽、蔗糖、牛奶、水和橄欖油加入中調理盆，並用迷你打蛋器攪拌。再加入酵母原種攪拌。將步驟 **2** 一口氣加入步驟 **1** 中攪拌，接著再按照P.71的 **揉麵** 步驟 **3**～步驟 **5** 的要領整理麵團。

基本發酵 | 27～28度 | 4個小時30分鐘～5個小時

↓

排氣

↓

27～28度 | 2個小時

1　讓麵團在27～28度的溫度下發酵4個半～5個小時。當麵團膨脹到調理盆的1/2左右的高度（約2倍大）時灑手粉，將刮板插入麵團四周，讓麵團剝離調理盆。

2　將調理盆倒扣在揉麵板上並取出麵團，再一次將麵團表面滾成緊繃的圓球狀，收口朝下放入中調理盆。蓋上保鮮膜後，讓麵團在27～28度的溫度下發酵2個小時，當麵團膨脹到快到調理盆的2/3左右的高度（約小於2.5倍）時，就結束基本發酵。

分割麵團

1　在麵團上灑手粉，將刮板插入麵團四周，讓麵團剝離調理盆。

2　快速將調理盆倒扣在揉麵板上，讓麵團自然脫落。

3　用刮板將麵團分割成3等分。將麵團重量調整成每份170g左右。

4　將麵團重新滾成鬆軟的圓球狀（圖ⓐ），捏牢固定麵團底部（圖ⓑ），收口朝下放在揉麵板上。

靜置鬆弛 | 20～25度 | 20分鐘

讓麵團在20～25度的溫度下靜置20分鐘（圖ⓒ）。冬季乾燥時期，要蓋上擰乾的濕布，以防止麵團乾燥。

整型

1　在麵團上灑手粉，用擀麵棍從中心向外8個方位將麵團擀成直徑14cm的圓形（圖ⓓ）。

2　在烤盤上鋪烘焙紙，放上步驟 **1** 後將麵團整理成直徑12cm的圓形（圖ⓔ）。有氣泡的話要用竹籤刺破。

最後發酵 | 27～28度 | 50分鐘

讓麵團在27～28度的溫度下發酵50分鐘。麵團膨脹變大一圈後結束發酵（圖ⓕ）。

＊將烤箱預熱220～230度。

烘烤 | 200度 | 20分鐘

1　在麵團表面用刷子塗上橄欖油（圖ⓖ）。

2　用手指戳進麵團壓到底，戳出7個洞（圖ⓗ）。在麵團表面灑粗鹽，再送入預熱好的烤箱，用200度烤20分鐘，取出麵包後放在金屬網架上置涼。

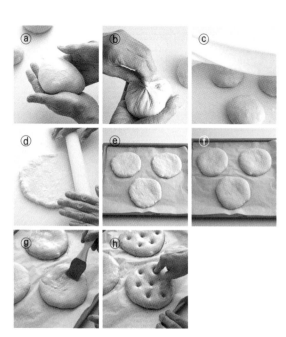

focaccia aux cerises noires

黑櫻桃佛卡夏點心

這是一款烤得很厚實，呈現濕潤、鬆軟感的麵包。
剛出爐的麵包會流出水果果汁，是頂級的美味！

[材料]（1個18cm方形無底烤模份量）＊（　）：烘焙百分比

高筋麵粉（春豐高筋麵粉）	210g（75%）
高筋麵粉（江別製粉E65歐式麵包專用粉）	70g（25%）
鹽	4g（1.5%）
蔗糖	8g（3%）
牛奶	84g（30%）
水	42g（15%）
橄欖油	28g（10%）
酵母原種	126g（45%）
蘇丹娜葡萄乾（櫻桃白蘭地蒸餾酒醃漬）	28g（10%）
蔓越莓乾	28g（10%）
冷凍黑櫻桃（整顆）	12顆
奶油乳酪	36g

橄欖油（塗抹用）	適量
白砂糖	適量
手粉（高筋麵粉）	適量

＊大調理盆＝直徑30cm不鏽鋼製
　中調理盆＝直徑21cm耐熱塑膠製

[準備]

・配合無底烤模的底部和側面，鋪上比烤模高出2cm的烘焙
　紙。

揉麵 ＊用日本KNEADER揉麵機需要揉10分鐘

1 將高筋麵粉加入大調理盆。

2 將鹽、蔗糖、牛奶、水和橄欖油加入中調理盆，並用迷你打蛋器攪拌。再加入酵母原種攪拌。將步驟 **2** 一口氣加入步驟 **1** 中攪拌，接著按照P.71的 **揉麵** 步驟 **3**、步驟 **4** 的要領整理麵團。

3 將麵團滾圓後放到揉麵板上，用手壓成手掌大小的圓形。在麵團上半部放上超過一半份量的蘇丹娜葡萄乾和蔓越莓乾後，用手輕壓。

4 用刮板對半橫切麵團，把切下來的麵團疊放到水果乾上方。

5 在麵團左半部放上剩下的超過一半份量的水果乾，用刮板垂直對切麵團，把切下來的麵團疊放到水果乾上方形成4層麵團。

6 最後放上剩下的所有水果乾，提起麵團兩端包起。再提起麵團的三角形頂點將配料包進麵團中。

7 用刮板將麵團翻面，將麵團滾圓同時不讓配料溢出。捏緊固定麵團底部，收口朝下放入中調理盆，並蓋上保鮮膜。

基本發酵 | 27～28度 | 5～6個小時
↓
排氣
↓
27～28度 | 1個小時30分鐘～2個小時

1 讓麵團在27～28度的溫度下發酵5～6個小時。當麵團膨脹到超過調理盆的1/2左右的高度（約超過2倍）時灑手粉，將刮板插入麵團四周，讓麵團剝離調理盆。

2 將調理盆倒扣在揉麵板上並取出麵團，再一次將麵團表面滾成緊繃的圓球狀，收口朝下放入中調理盆。蓋上保鮮膜後，讓麵團在27～28度的溫度下發酵1個半～2個小時，當麵團膨脹到調理盆的2/3左右的高度（約2.5倍大）時，就結束基本發酵。

分割麵團

1 在麵團上灑手粉，將刮板插入麵團四周，讓麵團剝離調理盆。

2 快速將調理盆倒扣在揉麵板上，讓麵團自然脫落。

3 將麵團表面重新滾成緊繃的圓球狀，捏牢固定麵團底部，收口朝下放在揉麵板上（不分割）。

靜置鬆弛 | 20～25度 | 20分鐘

讓麵團在20～25度的溫度下靜置20分鐘。冬季乾燥時期，要蓋上擰乾的濕布，以防止麵團乾燥。

整型

1 在麵團上灑手粉並讓收口朝上，再一次捏緊固定收口同時不讓配料溢出（圖ⓐ）。

2 將麵團收口朝下放到揉麵板上，用擀麵棍擀成20cm的方形（圖ⓑ）。把鋪在無底烤模中的烘焙紙放到揉麵板上，沿著折線擺放麵團（圖ⓒ）。

3 沿著烘焙紙的四角，把麵團塞成18cm的方形並放在烘焙紙上。拿起烘焙紙對角線上的兩角，放入無底烤模中（圖ⓓ）。

4 將麵團放到烤盤上，用手掌輕壓麵團，使麵團厚度一致。

最後發酵 | 27～28度 | 50分鐘～1個小時

讓麵團在27～28度的溫度下發酵50分鐘～1個小時。麵團膨脹變大一圈後結束發酵。

＊將烤箱預熱220～230度。

烘烤 | 200度 | 20～22分鐘

1 在麵團表面用刷子塗上橄欖油（圖ⓔ）。

2 用手指等距離戳出12個洞（圖ⓕ）。在洞中分別塞入3g的奶油乳酪，再分別灑上1/2小匙的白砂糖。

3 接著分別塞入1顆黑櫻桃（圖ⓖ），在麵團整體灑上薄薄一層白砂糖（圖ⓗ）。將麵團送入預熱好的烤箱，用200度烤20～22分鐘後，將麵包從無底烤模中取出後放到金屬網架上置涼。

plain muffin

原味馬芬

將星野酵母教室中做過的馬芬食譜，
改用自製天然酵母製作，因此我對這個配方很有信心。
這款麵包請一定要用有高度的無底烤模來做。
剛出爐的麵包狀態和柔軟度是最棒的。

[材料]（5個直徑8.5cm×高度5cm的無底烤模份量）
* （ ）：烘焙百分比

高筋麵粉（春豐高筋麵粉）⋯⋯⋯⋯⋯ 264g（88%）
春豐石臼研磨全麥麵粉 ⋯⋯⋯⋯⋯⋯⋯ 36g（12%）
鹽 ⋯⋯⋯⋯⋯⋯⋯⋯⋯⋯⋯⋯⋯⋯⋯⋯⋯ 3g（1%）
蜂蜜 ⋯⋯⋯⋯⋯⋯⋯⋯⋯⋯⋯⋯⋯⋯⋯⋯ 18g（6%）
牛奶 ⋯⋯⋯⋯⋯⋯⋯⋯⋯⋯⋯⋯⋯⋯⋯⋯ 18g（6%）
水 ⋯⋯⋯⋯⋯⋯⋯⋯⋯⋯⋯⋯⋯⋯⋯⋯⋯ 96g（32%）
酵母原種 ⋯⋯⋯⋯⋯⋯⋯⋯⋯⋯⋯⋯⋯ 135g（45%）
奶油（不含鹽）⋯⋯⋯⋯⋯⋯⋯⋯⋯⋯ 18g（6%）
手粉（高筋麵粉）· 上新粉（蓬萊米粉）⋯皆適量

* 大調理盆＝直徑30cm不鏽鋼製
  中調理盆＝直徑21cm耐熱塑膠製

[準備]
· 先將奶油放在室溫下軟化。

揉麵 ＊用日本KNEADER揉麵機需要揉13～14分鐘

1 將高筋麵粉、全麥麵粉加入大調理盆，用刮板稍微攪拌。

2 將鹽、蜂蜜、牛奶和水加入中調理盆，用迷你打蛋器攪拌至材料溶解。再加入酵母原種攪拌均勻。

3 將步驟 2 一口氣加入步驟 1 中並用刮板快速攪拌，待材料成團後改用手攪拌並讓麵粉吸收水分。

4 麵團集中成團後，將麵團放到揉麵板上，搓揉麵團直到沒有殘粉。將奶油揉進麵團中，再繼續揉麵。直到表面變得平整光滑就OK。

5 將麵團表面滾成緊繃的圓球狀，捏緊固定麵團底部，收口朝下放入中調理盆並蓋上保鮮膜。

基本發酵 | 27～28度 | 4～5個小時

↓

排氣

↓

27～28度 | 1個小時30分鐘～2個小時

1 讓麵團在27～28度的溫度下發酵4～5個小時。當麵團膨脹到超過調理盆的1/2左右的高度（約超過2倍）時灑手粉，將刮板插入麵團四周，讓麵團剝離調理盆。

2 將調理盆倒扣在揉麵板上並取出麵團，再一次將麵團表面滾成緊繃的圓球狀，收口朝下放入中調理盆。蓋上保鮮膜後，讓麵團在27～28度的溫度下發酵1個半～2個小時，當麵團膨脹到調理盆的2/3左右的高度（約2.5倍大）時，就結束基本發酵。

分割麵團

1 在麵團上灑手粉，將刮板插入麵團四周，讓麵團剝離調理盆後，將調理盆倒扣在揉麵板上並取出麵團。

2 在麵團上灑手粉，用刮板依放射狀將麵團分割成5等分。分別測量麵團重量，並調整成每份115g左右。將麵團重新滾成鬆軟的圓球狀，收口朝下放置。

靜置鬆弛 | 20～25度 | 20分鐘

讓麵團在20～25度的溫度下靜置20分鐘。冬季乾燥時期，要蓋上擰乾的濕布，以防止麵團乾燥。

整型

1 先在調理盆中加入適量的上新粉（蓬萊米粉）。在烤盤上鋪烘焙紙並放上無底烤模。

2 輕輕地將麵團重新滾圓，捏緊固定麵團底部（圖ⓐ）。在麵團整體灑滿上新粉（蓬萊米粉）（圖ⓑ）。收口朝下放入無底烤模的正中央（圖ⓒ），並蓋上濕布。

最後發酵 | 27～28度 | 30～40分鐘

讓麵團在27～28度的溫度下發酵30～40分鐘。麵團膨脹變大一圈後結束發酵。

＊將烤箱預熱220度。

烘烤 | 200度 | 12～13分鐘

1 在麵團表面灑上新粉（蓬萊米粉），蓋上另一張烘焙紙後，將麵團放到另一個烤盤上。

2 將麵團送入預熱好的烤箱，用200度烤12～13分鐘，麵包出爐後從無底烤模中取出，放在金屬網架上置涼。

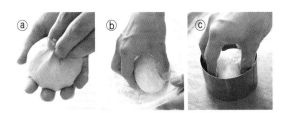

ⓐ　　　ⓑ　　　ⓒ

Kinako anpan

特色黑豆粉
紅豆餡麵包

這款灑了滿滿的丹波黑豆粉、
香氣濃郁的麵包,是我的獨家秘方。
當然讀者們也可以用自己愛用的黑豆粉。
加入玄米後,可以享受米粒口感和嚼勁。

[材料]（10個直徑8.5cm×高度3cm的無底烤模份量）

* ( )：烘焙百分比

高筋麵粉（春豐高筋麵粉）	225g（90%）
全麥麵粉	25g（10%）
煮熟的玄米（偏硬）	100g（40%）
鹽	3g（1.2%）
蔗糖	15g（6%）
水	88g（35%）
酵母原種	113g（45%）
奶油（不含鹽）	20g（8%）
去皮紅豆泥（或是顆粒狀紅豆餡）	300g
栗子甘露煮	5顆
丹波黑豆粉	大量
手粉（高筋麵粉）	適量

＊大調理盆＝直徑30cm不鏽鋼製
　中調理盆＝直徑21cm耐熱塑膠製

[準備]

・將去皮紅豆泥分成10等分並搓圓。
・將栗子甘露煮對半切開。
・先將奶油放在室溫下軟化。

揉麵　＊用日本KNEADER揉麵機需要揉11分鐘

1 將高筋麵粉、全麥麵粉和煮好的玄米加入大調理盆，用刮板稍微攪拌。

2 將鹽、蔗糖和水加入中調理盆，並用迷你打蛋器攪拌。再加入酵母原種攪拌。將步驟 **2** 加入步驟 **1** 中攪拌，接著按照P.16的 **揉麵** 步驟 **6** ～步驟 **11** 製作麵團。

基本發酵　| 27～28度 | 5～6個小時 |
↓
排氣
↓
| 27～28度 | 2個小時 |

1 讓麵團在27～28度的溫度下發酵5～6個小時。當麵團膨脹到調理盆的1/2左右的高度（約2倍大）時灑手粉，將刮板插入麵團四周，讓麵團剝離調理盆。

2 將調理盆倒扣在揉麵板上並取出麵團，再一次將麵團表面滾成緊繃的圓球狀，收口朝下放入中調理盆。蓋上保鮮膜後，讓麵團在27～28度的溫度下發酵2個小時，當麵團膨脹到快到調理盆的2/3左右的高度（約小於2.5倍）時，就結束基本發酵。

分割麵團

1 在麵團上灑手粉，將刮板插入麵團四周，讓麵團剝離調理盆後，將調理盆倒扣在揉麵板上並取出麵團。

2 用刮板將麵團分割成10等分，將每份麵團重量調整成60g左右。

3 將麵團表面再一次滾成緊繃的圓球狀，用手指捏牢固定麵團底部，收口朝下放在揉麵板上。

靜置鬆弛　| 20～25度 | 20分鐘 |

讓麵團在20～25度的溫度下靜置20分鐘。冬季乾燥時期，要蓋上擰乾的濕布，以防止麵團乾燥。

整型

1 將麵團收口朝上放到揉麵板上，用手掌將麵團壓成直徑10cm的圓形。這時要讓麵團四周偏薄，中央偏厚比較好（圖ⓐ）。

2 在麵團中央按照順序放上去皮紅豆泥和栗子甘露煮（圖ⓑ）。將麵團依對角線上下、左右的順序提起包緊（圖ⓒ・圖ⓓ），接著把剩下的角落也用相同方式捏起包緊，牢牢固定並滾圓接合處（圖ⓔ）。

3 在調理盆中加入黑豆粉，在麵團上沾滿黑豆粉（圖ⓕ）。

4 在烤盤上鋪烘焙紙並放上無底烤模，將麵團收口朝下放入烤模中（圖ⓖ）。

最後發酵　| 27～28度 | 50分鐘 |

讓麵團在27～28度的溫度下發酵50分鐘。麵團膨脹變大一圈後結束發酵。

＊將烤箱預熱220～230度。

烘烤　| 200度 | 20分鐘 |

1 用濾茶網將剩下的黑豆粉過篩灑在麵團上。

在無底烤模上蓋上一張烘焙紙，烤盤上再放上另一張烘焙紙。將麵團送入預熱好的烤箱，用200度烤20分鐘，將麵包從無底烤模中取出，放在金屬網架上置涼。

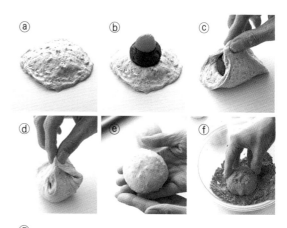

ptit pain aux haricots

豆麵包

添加了滿滿的綜合甘納豆，
可以一次享受到不同豆類的滋味和口感。
稍微加一點黑麥麵粉，增添酥脆的口感。
在這款麵包中使用了石臼研磨黑麥麵粉，但也可以用一般的粗磨黑麥麵粉。

[材料] （10個直徑8.5cm×高度3cm的無底烤模份量）
*（ ）：烘焙百分比

高筋麵粉（春豐高筋麵粉）⋯⋯⋯⋯⋯285g（95%）
黑麥全麥麵粉（石臼研磨）⋯⋯⋯⋯15g（5%）
鹽⋯⋯⋯⋯⋯⋯⋯⋯⋯⋯⋯⋯⋯⋯3g（1%）
蔗糖⋯⋯⋯⋯⋯⋯⋯⋯⋯⋯⋯⋯⋯9g（3%）
牛奶⋯⋯⋯⋯⋯⋯⋯⋯⋯⋯⋯⋯⋯18g（6%）
水⋯⋯⋯⋯⋯⋯⋯⋯⋯⋯⋯⋯⋯⋯96g（32%）
酵母原種⋯⋯⋯⋯⋯⋯⋯⋯⋯⋯135g（45%）
奶油（不含鹽）⋯⋯⋯⋯⋯⋯⋯⋯15g（5%）
綜合甘納豆⋯⋯⋯⋯⋯⋯⋯⋯⋯⋯200g
核桃⋯⋯⋯⋯⋯⋯⋯⋯⋯⋯⋯10顆（約30g）
手粉（高筋麵粉）・奶油（烤模用）⋯皆適量

*大調理盆＝直徑30cm不鏽鋼製
　中調理盆＝直徑21cm耐熱塑膠製

[準備]
・先在無底烤模內側薄塗一層奶油。
・先將奶油放在室溫下軟化。

揉麵 ＊用日本KNEADER揉麵機需要揉13分鐘

1 將高筋麵粉、全麥麵粉加入大調理盆，用刮板稍微攪拌。

2 將鹽、蔗糖、牛奶和水加入中調理盆，並用迷你打蛋器攪拌。再加入酵母原種攪拌均勻。將步驟 **2** 加入步驟 **1** 中攪拌，接著按照P.16的 **揉麵** 步驟 **6** ～步驟 **11** 的方式製作麵團。

基本發酵 | 27～28度 | 5個小時
↓
排氣
↓
27～28度 | 1個小時30分鐘～2個小時

1 讓麵團在27～28度的溫度下發酵5個小時。當麵團膨脹到調理盆的1/2左右的高度（約2倍大）時灑手粉，將刮板插入麵團四周，讓麵團剝離調理盆。

2 將調理盆倒扣在揉麵板上並取出麵團，再一次將麵團表面滾成緊繃的圓球狀，收口朝下放入中調理盆。蓋上保鮮膜後，讓麵團在27～28度的溫度下發酵1個半～2個小時，當麵團膨脹到調理盆的2/3左右的高度（約2.5倍大）時，就結束基本發酵。

分割麵團

1 在麵團上灑手粉，將刮板插入麵團四周，讓麵團剝離調理盆後，將調理盆倒扣在揉麵板上並取出麵團。

2 用刮板將麵團分割成10等分，將每份麵團重量調整成60g左右。

3 將麵團表面重新滾成緊繃的圓球狀，捏牢固定麵團底部，收口朝下放在揉麵板上。

靜置鬆弛 | 20～25度 | 20分鐘

讓麵團在20～25度的溫度下靜置20分鐘。冬季乾燥時期，要蓋上擰乾的濕布，以防止麵團乾燥。

整型

1 將麵團收口朝上放到揉麵板上，用擀麵棍擀成寬7cm×長20cm的長方形。

2 在麵團表面灑上甘納豆（圖ⓐ），橫放麵團並將麵團從靠近自己的位置往外捲（圖ⓑ）。捲完後捏緊固定麵團（圖ⓒ）。

3 將麵團收口朝上垂直擺放，從靠近自己的位置往外捲（圖ⓓ），將麵團捲成漩渦狀。

4 在烤盤上鋪烘焙紙再放上無底烤模，將麵團漩渦朝上放入烤模（圖ⓔ）。

最後發酵 | 27～28度 | 40分鐘

讓麵團在27～28度的溫度下發酵40分鐘。麵團膨脹變大一圈後結束發酵。

＊將烤箱預熱220～230度。

烘烤 | 200度 | 15～16分鐘

1 在麵團中心處各放上1顆核桃（圖ⓕ）。

2 在無底烤模上蓋上一張烘焙紙，烤盤上再放上另一張烘焙紙。把麵團送入預熱好的烤箱，用200度烤15～16分鐘，將麵包從無底烤模中取出，放在金屬網架上置涼。

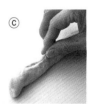

雙胞胎麵包

100%高筋麵粉Q彈、有嚼勁充滿魅力。

Fendu的意思是「雙胞胎」，

將擀麵棍壓進麵團中央，形成可愛的雙胞胎造型。

讓麵包分割處的間隔稍微大一點，出爐時會更漂亮。

［材料］（7個份）＊（ ）：烘焙百分比

高筋麵粉（春豐高筋麵粉）	250g	（100%）
鹽	2g	（1%）
蜂蜜	13g	（5%）
水	75g	（30%）
牛奶	15g	（6%）
酵母原種	113g	（45%）
奶油（不含鹽）	25g	（10%）
手粉（高筋麵粉）・上新粉（蓬萊米粉）	皆適量	

＊大調理盆＝直徑30cm不鏽鋼製
　中調理盆＝直徑21cm耐熱塑膠製

揉麵　＊用日本KNEADER揉麵機需要揉13分鐘

1　將高筋麵粉加入大調理盆。

2　將鹽、蜂蜜、水和牛奶加入中調理盆，用迷你打蛋器攪拌至材料完全溶解。再加入酵母原種攪拌均勻。將步驟 2 加入步驟 1 中攪拌，接著按照P.16的 揉麵 步驟 6 ～步驟 11 的方式製作麵團。

基本發酵　27～28度　5～6個小時
↓
排氣
↓
27～28度　2個小時

1　讓麵團在27～28度的溫度下發酵5～6個小時。當麵團膨脹到調理盆的1/2左右的高度（約2倍大）時灑手粉，將刮板插入麵團四周，讓麵團剝離調理盆。

2　將調理盆倒扣在揉麵板上並取出麵團，再一次將麵團表面滾成緊繃的圓球狀，收口朝下放入中調理盆。蓋上保鮮膜後，讓麵團在27～28度的溫度下發酵2個小時，當麵團膨脹到快到調理盆的2/3左右的高度（約小於2.5倍）時，就結束基本發酵。

分割麵團

1　在麵團上灑手粉，將刮板插入麵團四周，讓麵團剝離調理盆後，將調理盆倒扣在揉麵板上並取出麵團。

2　用刮板將麵團分割成7等分，將每份麵團重量調整成70g左右。將麵團表面重新滾成緊繃的圓球狀，捏牢固定麵團底部，收口朝下放在揉麵板上。

靜置鬆弛　20～25度　20分鐘

讓麵團在20～25度的溫度下靜置20分鐘。冬季乾燥時期，要蓋上擰乾的濕布，以防止麵團乾燥。

整型

1　輕輕地將麵團重新滾圓，用手指捏緊固定麵團底部（圖ⓐ）。

2　將麵團收口朝下放到揉麵板上，在麵團表面灑上新粉（蓬萊米粉）（圖ⓑ）。

3　用細擀麵棍（或是偏粗的長筷）將麵團中央擀薄。這時候只要將麵團拉長2～3cm左右，就能烤出漂亮的麵包（圖ⓒ）。

4　將麵團放在鋪好烘焙紙的烤盤上，用手指按壓麵團已經擀薄的部分，讓麵團緊貼烤盤（圖ⓓ・圖ⓔ）。

最後發酵　27～28度　30～40分鐘

讓麵團在27～28度的溫度下發酵30～40分鐘。麵團膨脹變大一圈後結束發酵。

＊將烤箱預熱220～230度。

烘烤　200度　9～10分鐘

在麵團表面灑上新粉（蓬萊米粉）。把麵團送入預熱好的烤箱，用200度烤9～10分鐘後，取出麵包放到金屬網架上置涼。

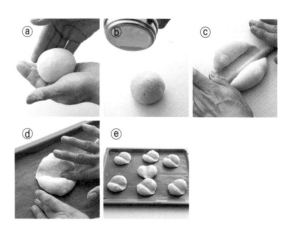

beignet torsadé

麻花甜甜圈

使用了自製天然酵母的甜甜圈，不會吸收多餘的油，
因此味道很輕盈。第一次吃到的人應該會嚇一跳。
即使麵團中什麼都不放，也充滿滋味又美味。

[材料]（8個份）＊（ ）：烘焙百分比

高筋麵粉（春豐高筋麵粉）…………	162g	（65％）
低筋麵粉（多路秋DOLCE低筋麵粉）…	88g	（35％）
鹽 …………………………………	2g	（1％）
蔗糖 ………………………………	30g	（12％）
牛奶 ………………………………	70g	（28％）
雞蛋 ………………………………	30g	（12％）
酵母原種 …………………………	113g	（45％）
奶油（不含鹽）……………………	30g	（12％）
白砂糖（女王砂糖）………………	適量	
手粉（高筋麵粉）・炸油（米糠油）	皆適量	

＊大調理盆＝直徑30cm不鏽鋼製
　中調理盆＝直徑21cm耐熱塑膠製

[準備]

・先將奶油放在室溫下軟化。

揉麵　＊用日本KNEADER揉麵機需要揉14分鐘

1　將高筋麵粉和低筋麵粉加入大調理盆中攪拌。

2　將鹽、蔗糖和牛奶加入中調理盆，並用迷你打蛋器攪拌。再加入雞蛋和酵母原種攪拌。將步驟 **2** 加入步驟 **1** 中攪拌，接著按照P.16的 **揉麵** 步驟 **6** ～步驟 **11** 的方式製作麵團。

基本發酵 | 27～28度 | 6個小時
↓
排氣
↓
27～28度 | 2個小時

1　讓麵團在27～28度的溫度下發酵6個小時。當麵團膨脹到調理盆的1/2左右的高度（約2倍大）時灑手粉，將刮板插入麵團四周，讓麵團剝離調理盆。

2　將調理盆倒扣在揉麵板上並取出麵團，再一次將麵團表面滾成緊繃的圓球狀，收口朝下放入中調理盆。蓋上保鮮膜後，讓麵團在27～28度的溫度下發酵2個小時，當麵團膨脹到快到調理盆的2/3左右的高度（約小於2.5倍）時，就結束基本發酵。

分割麵團

1　在麵團上灑手粉，將刮板插入麵團四周，讓麵團剝離調理盆後，將調理盆倒扣在揉麵板上並取出麵團。

2　用刮板將麵團分割成8等分，將每份麵團重量調整成65g左右。

3　將麵團表面重新滾成緊繃的圓球狀，捏緊固定麵團底部，收口朝下放在揉麵板上。

靜置鬆弛 | 20～25度 | 20分鐘

讓麵團在20～25度的溫度下靜置20分鐘。冬季乾燥時期，要蓋上擰乾的濕布，以防止麵團乾燥。

整型

1　將麵團收口朝上放到揉麵板上，用手將麵團壓大一圈，同時排出麵團裡面的空氣（圖ⓐ）。

2　將對面麵團捲向靠近自己的位置，做成棒狀。這個時候，繃緊翻折部分的麵團，用手邊按壓接合處邊捲起麵團（圖ⓑ）。

3　接著用雙手滾動麵團，並將麵團拉成長度25cm左右的棒狀。將麵團兩端搓細（圖ⓒ）。將麵團兩端輕輕地反方向上下扭轉2次（圖ⓓ）。

4　快速提起麵團兩端扭轉纏繞，做成麻花狀（圖ⓔ）。黏牢固定麵團邊緣，把麵團纏繞的尾端朝下包在發酵布裡面。

最後發酵 | 27～28度 | 50分鐘

讓麵團在27～28度的溫度下發酵50分鐘。麵團膨脹變大一圈後結束發酵。

油炸

1　將炸油加熱到170～180度後放入麵團，油炸3～4分鐘直到整體呈現金黃色後，取出瀝油。

2　趁熱將麵包和白砂糖一起放入保鮮袋中，輕敲袋子底部讓麵包整體沾滿砂糖。

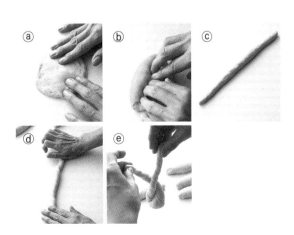

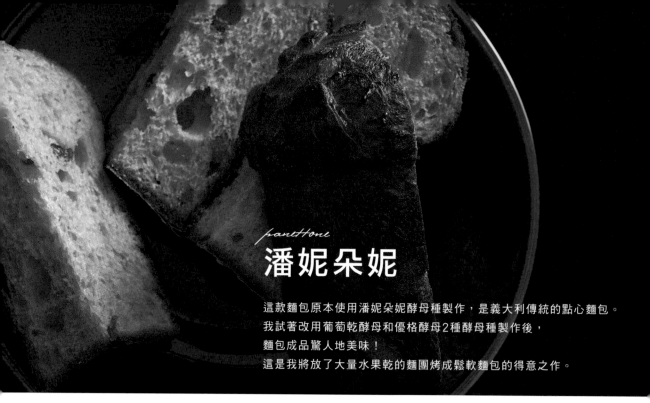

panettone

潘妮朵妮

這款麵包原本使用潘妮朵妮酵母種製作，是義大利傳統的點心麵包。
我試著改用葡萄乾酵母和優格酵母2種酵母種製作後，
麵包成品驚人地美味！
這是我將放了大量水果乾的麵團烤成鬆軟麵包的得意之作。

[材料]（2個直徑10cm×高度10cm・潘妮朵妮麵包紙模份量）
＊（）：烘焙百分比

高筋麵粉（春豐高筋麵粉）	250g（100%）
鹽	2g（1%）
蜂蜜	13g（5%）
牛奶	60g（24%）
原味希臘優格	37g（15%）
酵母原種（葡萄乾酵母原種）	88g（35%）
優格酵母種	25g（10%）
蔗糖	37g（15%）
蛋黃	75g（30%）
發酵奶油（不含鹽）	100g（40%）
蘭姆酒漬蘇丹娜葡萄乾	75g（30%）
橙皮	50g（20%）
檸檬皮	25g（10%）
發酵奶油（不含鹽・裝飾用）	10g
橄欖油	適量
手粉（高筋麵粉）	適量

＊大調理盆＝直徑30cm不鏽鋼製
　中調理盆＝直徑21cm耐熱塑膠製

[準備]

・先在調理盆中加入蔗糖和蛋黃，用迷你打蛋器貼著盆底攪拌。
・先將奶油切成1cm的丁狀，放入冷藏室中冷藏。
・輕輕地清洗橙皮和檸檬皮，擦乾水分後切成5mm的丁狀。

優格酵母種的起種方法

[優格酵母液的材料]

原味希臘優格	150g
蜂蜜	2大匙
水（過濾好的自來水）	150g

＊準備附有螺旋蓋的密閉玻璃瓶（容量500ml），參考P.9的方式將容器清洗乾淨，並用熱水消毒。

❶ 在玻璃瓶中加入優格、蜂蜜和水，攪拌均勻後蓋上蓋子（圖ⓐ）。

❷ 將步驟①放在27度左右的溫暖處，每天顛倒搖晃玻璃瓶1次後，打開蓋子排出氣體。當溫度低於20度時，酵母會變得難以發酵。

❸ 第2天開蓋後，會有氣泡上升到大約玻璃瓶中間的位置（圖ⓑ），第3天左右氣泡會從玻璃瓶中溢出，也會有像起司一樣的香氣。如此酵母液就完成了（圖ⓒ）。

❹ 接著放入冷藏室的深處保存。因為要讓酵母緩慢發酵，所以有時候需要開蓋排出氣體。

❺ 製作方法和P.10的「酵母原種的起種方法」相同，用優格酵母液代替葡萄乾酵母液來製作酵母原種。

揉麵

＊用日本KNEADER揉麵機一開始需要揉13分鐘→加入奶油後揉13分鐘→加入水果乾後揉3分鐘

1 將高筋麵粉加入大調理盆。

2 將鹽、蜂蜜和牛奶加入中調理盆，用迷你打蛋器攪拌至材料完全溶解。再加入原味優格、酵母原種、優格酵母種、事先攪拌好的蔗糖和蛋黃後攪拌均勻。

3 將步驟 **2** 加入步驟 **1** 中攪拌，待材料成團後放到揉麵板上。中間分2次加入冰奶油，用手指邊壓碎邊將奶油揉進麵團。折疊並搓揉麵團直到產生薄膜。

4 當麵團約揉到8成的完成度時，將蘭姆酒漬蘇丹娜葡萄乾以及準備好的橙皮和檸檬皮揉進麵團。將配料放到麵團上，用像要把配料包進麵團中的方式搓揉就可以。

5 揉完麵的溫度到達23度之後，將麵團表面滾成緊繃的圓球狀，捏緊固定麵團底部，收口朝下放入中調理盆並蓋上保鮮膜。

基本發酵　25度　8～9個小時
↓
排氣
↓
25度　2個小時30分鐘～3個小時

1 讓麵團在25度的溫度下發酵8～9個小時。當麵團膨脹到調理盆的2/3左右的高度（約2.5倍大）時灑手粉，將刮板插入麵團四周，讓麵團剝離調理盆。

2 將調理盆倒扣在揉麵板上並取出麵團，再一次將麵團滾圓，收口朝下放入中調理盆。蓋上保鮮膜後，讓麵團在25度的溫度下發酵2個半～3個小時，當麵團膨脹到超過調理盆的2/3左右的高度（保鮮膜往下1cm）時，就結束基本發酵。

分割麵團

1 將橄欖油塗抹在麵團、揉麵板、磅秤、手和刮板上。將刮板插入麵團四周，讓麵團剝離調理盆後，將調理盆倒扣在揉麵板上並取出麵團。

2 輕輕地將麵團分割成2等分同時不讓麵團中的空氣排出，將每份麵團重量調整成410g左右。

整型　＊沒有靜置鬆弛時間。分割麵團後馬上整型

1 在手和麵團上抹橄欖油，將麵團收口朝上放在揉麵板上，將麵團向靠近自己的位置對折，並讓折疊處保持緊繃（圖ⓓ）。

2 垂直擺放麵團，再用相同方式對折麵團（圖ⓔ、圖ⓕ）。

3 重複上述步驟2次之後，將麵團表面滾成緊繃的圓球狀，在揉麵板上邊滾動麵團邊整理成圓頂禮帽的形狀（圖ⓖ）。

4 用手指捏住麵團底部輕輕地固定（圖ⓗ），收口朝下抓起麵團，用吊起麵團的方式拿起麵團並放入潘妮朵妮麵包紙模中。

5 將指尖插入麵團四周，並讓麵團表面繃起（圖ⓘ）。盡可能不要讓空氣排出並整型。

最後發酵　28度　2個小時

讓麵團在28度的溫度下發酵2個小時。當麵團頂點膨脹到和杯緣一樣高時結束發酵。

烘烤　低溫起步法100度　10分鐘
→ 150度　10分鐘 → 180度　20分鐘

1 在麵團表面用割紋刀用力劃下3～5mm深且靠近邊緣的十字割紋。

2 提起剛才切割的麵團部分的三角形頂點，邊切割邊翻起麵團（圖ⓙ），再放回原處。將裝飾用的發酵奶油切成8塊，在割紋處和分割處各放入4塊奶油（圖ⓚ）。

3 將麵團放到烤盤上，用100度烤10分鐘，再用150度烤10分鐘，最後用180度烤20分鐘。出爐後馬上在麵包底部往上約3cm的位置插入2根金屬串，倒吊麵包（圖ⓛ）。這樣麵包的表面就不會塌陷。

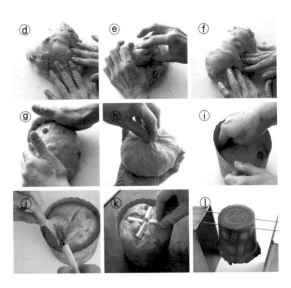

"stollen de minuit" au chocolat et aux fruits secs

深夜版德國聖誕麵包

塞滿了水果乾、堅果和巧克力，
唯有自製才能做出奢華&適合大人的德國聖誕麵包。我很滿意能做出像烤點心一樣的嘎脆口感。

[材料]（3個份）＊（ ）：烘焙百分比

高筋麵粉（春豐高筋麵粉）	125g（50%）
低筋麵粉（多路秋DOLCE低筋麵粉）	100g（40%）
可可粉（法芙娜）	25g（10%）
肉桂粉	3g（1.2%）
肉豆蔻	少許
鹽	2g（1%）
蜂蜜	20g（8%）
鮮奶油（乳脂含量36%）	83g（33%）
酵母原種	113g（45%）
發酵奶油（不含鹽）	113g（45%）
杏仁粉	50g（20%）
可可碎豆（法芙娜可可碎豆）	30g（12%）
A 蘭姆酒漬葡萄乾	75g（30%）
切半杏桃	50g（20%）
橙皮	25g（10%）
烘焙用巧克力（法芙娜加勒比鈕扣型巧克力）	50g（20%）
核桃	50g（20%）
開心果（生・去皮）	13g（5%）
杏仁（整顆）	25g（10%）
B 紅酒漬白無花果	2又1/4顆
紅酒漬黑無花果	4又1/2顆
裝飾用奶油（不含鹽）	120g
糖粉（含寡糖）	適量
蘭姆酒・防潮糖粉	皆適量

＊大調理盆＝直徑30cm不鏽鋼製
　中調理盆＝直徑21cm耐熱塑膠製

[準備]

· 將發酵奶油切成1cm的丁狀，先放入冷藏室中冷藏。
· 將配料A的切半杏桃切成4片，輕輕地清洗橙皮後切成3～5mm的丁狀。
· 將巧克力切成4等分。
· 將核桃、開心果和杏仁放入烤箱用150度烤10分鐘，再將核桃大略切碎。
· 將配料B中的1顆白無花果切成4片、將1顆黑無花果切對半。

揉麵 ＊用日本KNEADER揉麵機在混合配料前需要揉8分鐘

1 將高筋麵粉、低筋麵粉、可可粉、肉桂粉和肉豆蔻加入大調理盆，用刮板稍微攪拌。

2 將鹽、蜂蜜和鮮奶油加入中調理盆，用迷你打蛋器攪拌至材料完全溶解。再加入酵母原種攪拌均勻。

3 在步驟1中加入冰奶油，用刮刀切碎奶油並和麵粉攪拌在一起。

4 接著用手指將奶油結塊搓散並和麵粉攪拌在一起。

5 待整體材料大致混合後，加入杏仁粉攪拌。再將步驟2加入，用刮板攪拌並讓麵粉吸收水分。

6 麵團集中成團後，加入巧克力碎豆，用手按壓並揉捏成團。

7 取出麵團放到揉麵板上，繼續揉麵。當奶油被麵團吸收後將麵團滾圓，再用手壓成手掌大小的圓形。

8 在麵團上半部按照順序放上準備好的配料 **A** 中超過一半的堅果、巧克力、水果乾和葡萄乾，並用手輕壓。

9 用刮板水平對切麵團，把切下來的麵團疊放到配料上。

10 在麵團左半部用相同方式放上剩下的超過一半份量的配料。用刮板垂直對切麵團，把切下來的麵團放到配料上形成4層麵團。

---

11 最後放上剩下的所有配料。

12 提起麵團兩端包起，再提起麵團的三角形頂點，將配料包進麵團中。

13 用刮板將麵團翻面後，滾圓並不讓配料溢出，捏緊固定麵團底部。

14 收口朝下放入保鮮袋中。

基本發酵

冷藏室	12~18個小時

↓

室溫（低於20度）	1個小時

將麵團放入冷藏室中（5～7度）發酵12～18個小時。再將麵團放在室溫下（低於20度）1個小時回到常溫。

分割麵團

將麵團依放射狀分割成3等分，每份重量約315g左右。因為塞滿配料的麵團很堅硬，所以不要用刮板而是用菜刀來切。

靜置鬆弛

＊沒有靜置鬆弛時間。
＊但要是麵團太冰很難整型的時候，要放在低於20度的陰涼處靜置10～20分鐘。
＊將烤箱預熱220～230度。

整型 ＊在低於20度的陰涼處進行作業

1 為了讓麵團變得容易壓平，取出較大的配料後，將麵團重新滾圓。

2 將麵團收口朝上放置，用手掌壓扁麵團。再用擀麵棍擀成長18cm×寬14cm左右的橢圓形。這個時候如果有較大的配料要取出，有缺口的話就填入麵團，再用擀麵棍邊擀麵團邊整理形狀。用手指在擀好的麵團由上往下1.5cm的位置壓出凹痕。

3 接著用擀麵棍在麵團中央橫壓出一條凹痕。將配料 **B** 交錯放在這條凹痕上，剛才取出的配料也平鋪在整體麵團上。

4 以放無花果的位置為基準點，將麵團折向步驟 **3** 的凹痕處，折成2折。

5 牢牢壓住接合處，用手指捏緊固定。接著用手輕壓整體麵團並整理形狀。

6 在烤盤上鋪烘焙紙，將麵團收口朝內側擺放。這麼做會讓麵團受熱更均勻。

烘烤

200度 40～45分鐘

把麵團送入預熱好的烤箱，用200度烤40～45分鐘。

最後裝飾

1 在鍋中加入裝飾用的奶油後開小火，等到奶油完全融化後離開火源。趁剛出爐的德國聖誕麵包還很熱的時候，用刷子在麵包表面塗上蘭姆酒。接著在奶油鍋中分次放入1個德國聖誕麵包，再用另一個刷子在整體麵包塗抹奶油，將麵包放在附濾網的方盤上，瀝乾多餘的奶油。

2 把含寡糖的糖粉加入方盤後，大量抹在德國聖誕麵包上。上下顛倒麵包後再大量塗抹。用保鮮膜包緊麵包，放在低於20度的陰涼處靜置1～3天，讓麵包吸收糖粉。要吃的時候，用濾茶網過篩灑上防潮糖粉。最佳風味時間是第3天。放在低於20度的陰涼處可以保存1個星期。

[高筋麵粉]

春豐高筋麵粉

這款麵粉的特徵是口感Q彈和富含香氣的甜味，本書中當作基礎麵粉使用於所有麵包中。在日本國產麵粉之中，春豐高筋麵粉有大量蛋白質且易於使用。／Ⓐ

春豐100%高筋麵粉

原料只有春豐小麥，是一款研磨並發揮出春豐小麥香氣與美味的高筋麵粉。／Ⓒ

江別製粉E65
歐式麵包專用粉

這是一款最大程度凸顯出小麥香氣的硬式麵包專用麵粉，常用於棍子麵包、橄欖形法國麵包和農家麵包等麵包中。用這款麵粉做成的麵團，出爐時外皮酥脆，越嚼越能感受到麵粉的滋味。／Ⓒ

夢之力100%高筋麵粉

麩質含量高的超高筋麵粉。用這款麵粉做的麵包可以品嘗到高彈性、Q彈又緊繃的口感。也能維持麵包的甜味和濕潤感。／Ⓒ

[低筋麵粉]

多路秋DOLCE低筋麵粉

想要讓麵包呈現些許輕盈感時，就會把這款麵粉混進高筋麵粉使用。烤出的麵包不乾燥且濕潤。本次使用於披薩。／Ⓒ

[上新粉]

上新粉（蓬萊米粉）

將米磨成粉狀做成蓬萊米粉，這款麵粉的特徵是顆粒細緻且滑順。用途是灑在棍子麵包或農家麵包等容易沾黏的麵團上，或分隔麵團時灑在發酵布上。／Ⓐ

[全麥麵粉]

春豐石臼研磨全麥麵粉

將整顆小麥用石臼緩慢研磨而成的麵粉，有獨特的香氣和隱約的酸味。這款麵粉沒有經過精製，所以富含礦物質和膳食纖維。這次使用於鄉村麵包中，和高筋麵粉一起混合使用。「美幌町產阿秀（ひでちゃん）小麥 春豐石臼研磨全麥麵粉」。／Ⓑ

黑麥全麥麵粉（粗磨）

粗磨的黑麥麵粉是偏咖啡色的麵粉，有獨特的酸味和甜味。想讓外皮呈現薄脆感時，我會把這款麵粉混入高筋麵粉中使用。黑麥容易促進發酵，所以請注意長時間發酵的話，麵團會產生酸味。／Ⓐ

[胚芽]

小麥胚芽

含有營養豐富的胚芽部位，是一款有獨特濃香和質樸風味的麵粉。我會使用已經烘烤過的小麥胚芽，不過再用平底鍋乾炒一次的話，會讓香氣更加突出。／Ⓒ

[葡萄乾]

有機葡萄乾

使用於製作葡萄乾酵母液時。一定要用無油的葡萄乾。以原材料名中沒有寫「植物油」為判斷基準。因為含油的葡萄乾不會發酵，所以要注意。／Ⓓ

[奶油]

發酵奶油（不含鹽）

在奶油原料中添加乳酸菌發酵而成的產品。帶有輕微酸味和強烈風味。／Ⓐ

奶油（不含鹽）

這次大部分的麵團都使用不含鹽的奶油。／Ⓐ

[牛奶]

四葉特選4.0牛奶

很多麵團製作時會使用牛奶，大部分用家裡有的牛奶就OK。但想要提升濃醇度時，我會用乳脂含量高的4.0%牛奶。本書中用於湯種土司和核桃麵包。

[鮮奶油]

鮮奶油

使用乳脂含量36%的鮮奶油。書中沒有特別標記時用一般的鮮奶油也沒關係。

[砂糖]

蔗糖（二砂糖）

蔗糖由甘蔗製成，是精製度低的淺咖啡色砂糖。蔗糖比黑糖溫且味道不明顯，含有大量礦物質。想要在麵包的麵團中添加一點甜味時，我會使用蔗糖或蜂蜜。／Ⓒ

[蜂蜜]

蜂蜜

製作麵團時使用。沒有強烈風味和特色，一般蜂蜜就很適合。

[P.92-95 商品的購買處]

Ⓐ TOMIZ（富澤商店）http://tomiz.com/

Ⓑ ママパン WEB 本店
https://www.mamapan.jp/item/1100t267

Ⓒ こだわり食材 573210.com 楽天店
https://www.rakuten.ne.jp/gold/nk/

Ⓓ ノヴァ https://www.nova-organic.co.jp/

Ⓔ 新井商店 TEL03-3841-2809

Ⓕ 浅井商店 TEL03-3841-8527

沒有特別標記的產品，可以在樂天市場等網路商店購買。

[油]

噴霧油

噴霧式沙拉油。只要噴在烤模上，麵包出爐後就會變得很好脫模。主要用於吐司烤模。／Ⓐ

調理盆

測量麵粉或搓揉材料時,使用直徑30cm的不鏽鋼製大調理盆。直徑21cm的耐熱塑膠製中調理盆,則用於攪拌液體和酵母原種,或是發酵麵團。／⑥

刮板　刮刀

用於攪拌材料、將黏在調理盆上的麵團刮乾淨,或分割麵團。

磅秤

本書中所寫的材料份量較精細,所以請使用最小單位1g的電子式磅秤精確測量。

溫度計

用於測量棍子麵包等麵團的溫度。有電子式和類比式兩種。

尺　麵包移動板

在壓平麵團或整型時不目測而是用尺準確測量,就能得到像食譜描述一樣的長度或寬度。麵包移動板用於移動像棍子麵包這種長又軟的麵團。這類工具附有刻度,所以想要做出相同長度時很方便。

量匙　迷你打蛋器

量匙用於撈酵母原種或攪拌,建議使用扁淺型的大匙量匙。迷你打蛋器則在將砂糖溶於水或牛奶時使用,或是用於攪拌酵母原種或鮮奶油等液體材料。為了迅速地攪拌均勻,用這類小尺寸打蛋器非常方便。

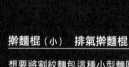

擀麵棍(小)　排氣擀麵棍

想要將割紋麵包這種小型麵團擀薄一部份時,細小的擀麵棍很好用。用偏粗的長筷取代也OK。擀大部分的麵團時,我會使用表面凹凸的擀麵棍。可以適度地排出麵團內部空氣並均勻擀平麵團。

發酵布

用於蓋在麵團上以防止乾燥,或是在最後發酵時為了避免麵團變形,會用發酵布分隔麵團,黏手的麵團靜置鬆弛時也會使用。

濾茶網

用於灑裝飾用的上新粉（蓬萊米粉）、黑豆粉和糖粉。要灑少量麵粉時使用也很方便。

刷子（2種）

在麵團表面塗蛋液時，使用動物毛髮製成的刷子。塗抹融化的奶油或橄欖油時，矽利康製的刷子比較好清洗很方便使用。

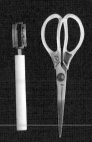

麵包割紋刀　剪刀

用於在麵團上劃割紋，請使用雙刃的麵包專用割紋刀。剪刀則用於剪開麥穗麵包。這個時候用文具用剪刀最適合。

噴霧器

用於烤硬式麵包之前，朝向烤箱內部噴灑溫熱水。噴水後讓烤箱內部充滿蒸氣，所以麵包表面會變得酥脆、割紋開得很漂亮。

烘焙紙

烤麵包時鋪在烤盤或烤模上，讓麵團不沾黏且平整光滑。其他還有以氟素樹酯加工玻璃纖維製成的烘焙布。可以多次清洗使用很經濟實惠。

吐司模型

製作方形麵包、湯種麵包和葡萄乾麵包等吐司時使用的烤模。蓋上蓋子的話會烤出角型吐司，沒蓋上蓋子的話會烤出山型吐司。本書使用12兩模具：（內徑）長19cm×寬9.5cm×高9cm／（底部）長17cm×寬8.5cm／（體積）1463cm³。／E

圓形藤編發酵籃
橢圓形藤編發酵籃

用於鄉村麵包的發酵用籃，使用後表面會印上熟悉的條紋圖案。本書使用直徑19cm的圓形，以及長度19cm的橢圓形（oval）發酵籃。／F

楊木製烤模
潘妮朵妮麵包紙模

楊木製烤模長14cm×寬9.5cm×高5cm，以楊木製成可以重複使用數次。溫和受熱，所以能烤出柔軟的麵包。使用於核桃麵包。潘妮朵妮麵包紙模是直徑10cm×高度10cm的潘妮朵妮專用杯模。因為是紙製模具所以用完即丟。

方形無底烤模
圓形無底烤模

方形無底烤模是18cm×18cm×高度4cm的正方形烤模，用於點心佛卡夏。F／圓形無底烤模是直徑8.5cm×高度5cm的烤模，用於馬芬。而直徑8.5cm×高度3cm的烤模則用於黑豆粉紅豆餡麵包和豆麵包。／E

PROFILE

太田幸子

出生於日本埼玉縣。從小就非常喜愛麵包，長大後更熱中於各種麵包的製作課程，並取得ABC Cooking Studio的講師資格。同時在那裡擔任4年的麵包講師。之後，開始參加不同的麵包教室與研習會，並體驗到天然酵母麵包的美味。曾任日本東京都內的天然酵母麵包教室助理，後來獨自成立麵包教室&工房「Atelier Le Bonheur 幸福工作室」。教授如何使用自製葡萄乾酵母及星野天然酵母來烤焙麵包。麵包教室受到廣大喜愛，目前招生額滿中。

Atelier Le Bonheur
http://www.a-l-bonheur.com/

TITLE

一罐「葡萄乾酵母」 經典麵包再進化

STAFF

出版	瑞昇文化事業股份有限公司
作者	太田幸子
譯者	涂雪靖
總編輯	郭湘齡
責任編輯	張聿雯
文字編輯	徐承義
美術編輯	許菩真
排版	二次方數位設計　翁慧玲
製版	明宏彩色照相製版有限公司
印刷	龍岡數位文化股份有限公司
法律顧問	立勤國際法律事務所　黃沛聲律師
戶名	瑞昇文化事業股份有限公司
劃撥帳號	19598343
地址	新北市中和區景平路464巷2弄1-4號
電話	(02)2945-3191
傳真	(02)2945-3190
網址	www.rising-books.com.tw
Mail	deepblue@rising-books.com.tw
初版日期	2022年12月
定價	360元

ORIGINAL JAPANESE EDITION STAFF

撮影	野口健志
デザイン	高橋朱里、菅谷真理子（マルサンカク）
取材	菊池香理
スタイリング	中里真理子
調理アシスタント	西川郁美
校閲	滄流社
編集	上野まどか

國家圖書館出版品預行編目資料

一罐「葡萄乾酵母」 經典麵包再進化
/太田幸子作；涂雪靖譯. -- 初版. -- 新
北市 ： 瑞昇文化事業股份有限公司,
2022.12
96面 ;18.7X25公分
ISBN 978-986-401-596-2(平裝)

1.CST: 點心食譜 2.CST: 麵包

427.16　　　　　　　　111017861

Jikasei Koubo De Tsukuru One Rank Ueno Shokupan Baguette Campagne
© YUKIKO OTA 2021
Originally published in Japan in 2021 by SHUFU TO SEIKATSUSHA CO.,LTD.
Chinese translation rights arranged through DAIKOUSHA INC.,KAWAGOE.